施工现场标志牌大全

（第2版）

冯 琪 编

中国建材工业出版社

图书在版编目（CIP）数据

施工现场标志牌大全/冯琪编. —2版. —北京：中国建材工业出版社，2010.7 (2011.4 重印)
ISBN 978-7-80227-797-7

Ⅰ.①施… Ⅱ.①冯… Ⅲ.①建筑工程—施工现场—标志—汇编 Ⅳ.①TU721

中国版本图书馆 CIP 数据核字（2010）第 103003 号

内 容 提 要

本书基本涵盖了施工现场各类标志牌的内容和布置，主要包括：各种安全类标志牌、施工现场各类生产管理制度标志牌、各级管理人员岗位职责标志牌、各类施工人员安全操作规程牌，施工现场生活区各类管理制度标志牌。

本书适合各类施工企业各级管理人员参照使用。

施工现场标志牌大全（第 2 版）
冯 琪 编

出版发行：中国建材工业出版社
地　　址：北京市西城区车公庄大街 6 号
邮　　编：100044
经　　销：全国各地新华书店
印　　刷：北京鑫正大印刷有限公司
开　　本：787mm×1092mm 1/16
印　　张：16 彩页 1.5
字　　数：427 千字
版　　次：2010 年 7 月第 2 版
印　　次：2011 年 4 月第 5 次
书　　号：ISBN 978-7-80227-797-7
定　　价：45.00 元

本社网址：www.jccbs.com.cn
本书如出现印装质量问题，由我社发行部负责调换。联系电话：(010) 88386906

第 2 版前言

《施工现场标志牌大全》自 2005 年出版以来，再版数次，印数过万，颇受市场欢迎。鉴于近年来一系列新标准和新规范的出台对施工现场的场容管理提出了更高要求，为使各施工企业更好地提升整体管理水平，加强文明施工管理，本书在原有第 1 版的基础上作了修订，对原有的过时内容进行了更新，同时增加了更多的各类标志牌范例等新内容，以方便各施工单位参照借鉴。

由于修订时间仓促，书中内容难免有疏漏之处，敬请广大读者批评指正。

编　者

2010 年 6 月

前　　言

施工现场标志牌的设置，是文明施工的重要组成部分。大门入口处的五牌一图、标志牌的规范程度、安全标语、宣传栏的布置，均是《建筑施工安全检查标准》的内容。2005年3月1日开始施行的《建筑施工现场环境与卫生标准》对标志牌的设置也作了明确规定。

施工现场各类标志牌的正确合理竖立，不仅能对施工参与各方、各级负责人、各工种施工人员起到提示、警示作用，而且也是施工现场整体形象的具体体现，直接反映了施工单位的整体管理水平及文明施工程度。

本书的标志牌实例收集于北京各大建筑公司的示范工地，书中还附有完整的施工现场应竖立的标志牌案例，具有很强的借鉴作用。

编　者

2005年7月

目　录

一、常规标志牌

（一）施工现场标志牌范例

1.大门入口处

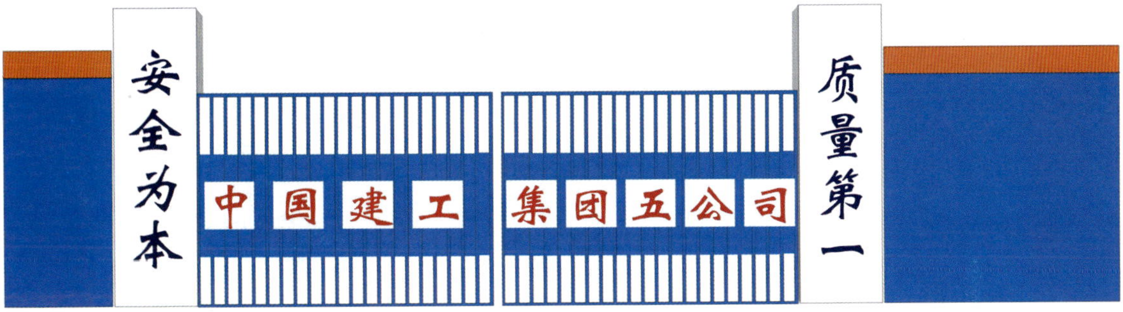

安全为本
中国建工
集团五公司
质量第一

中国建工
集团五公司

中国建工
集团五公司

2.工地导向牌

3.工地宣传栏

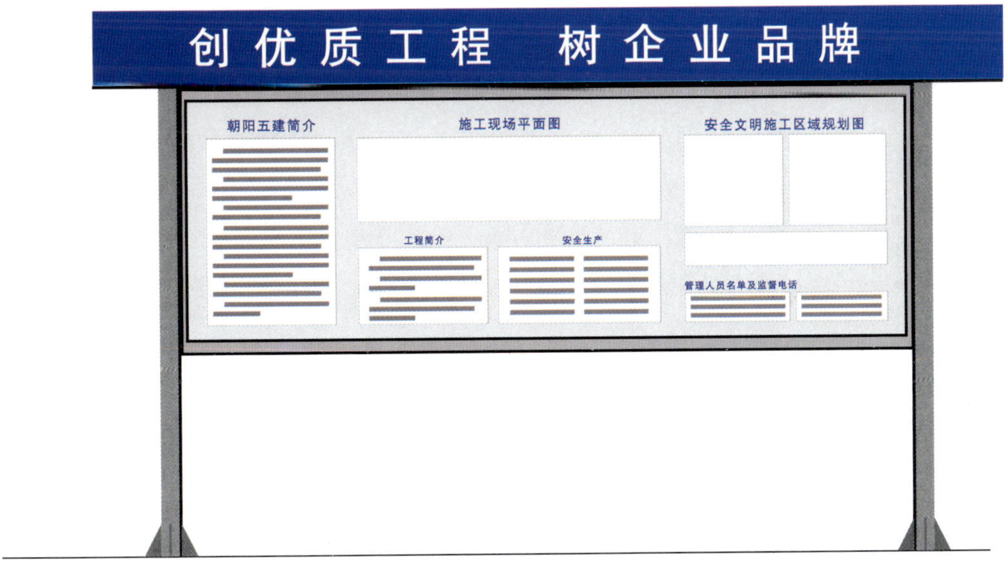

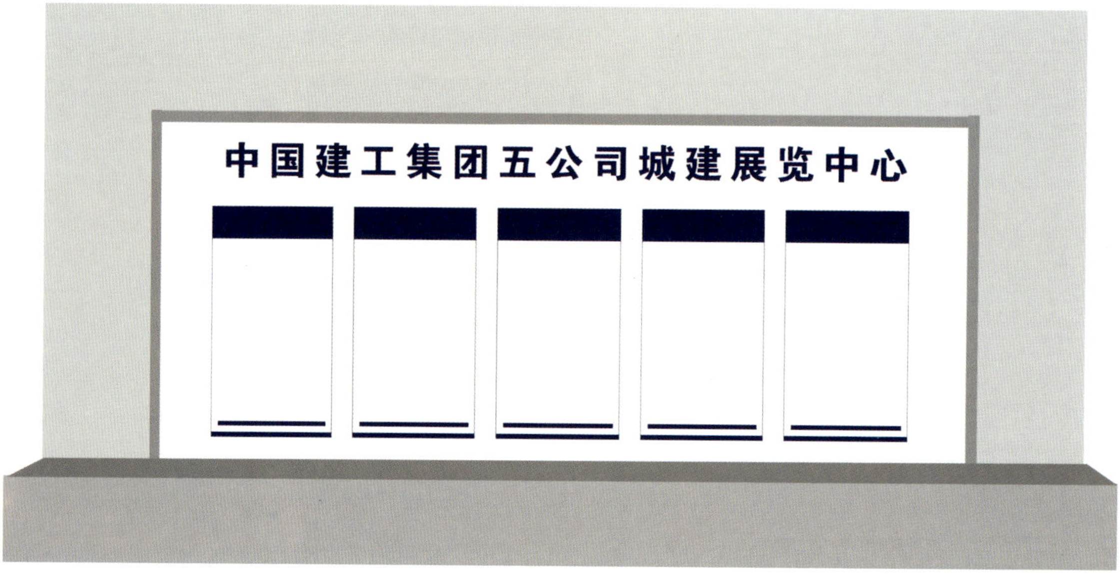
中国建工集团五公司城建展览中心

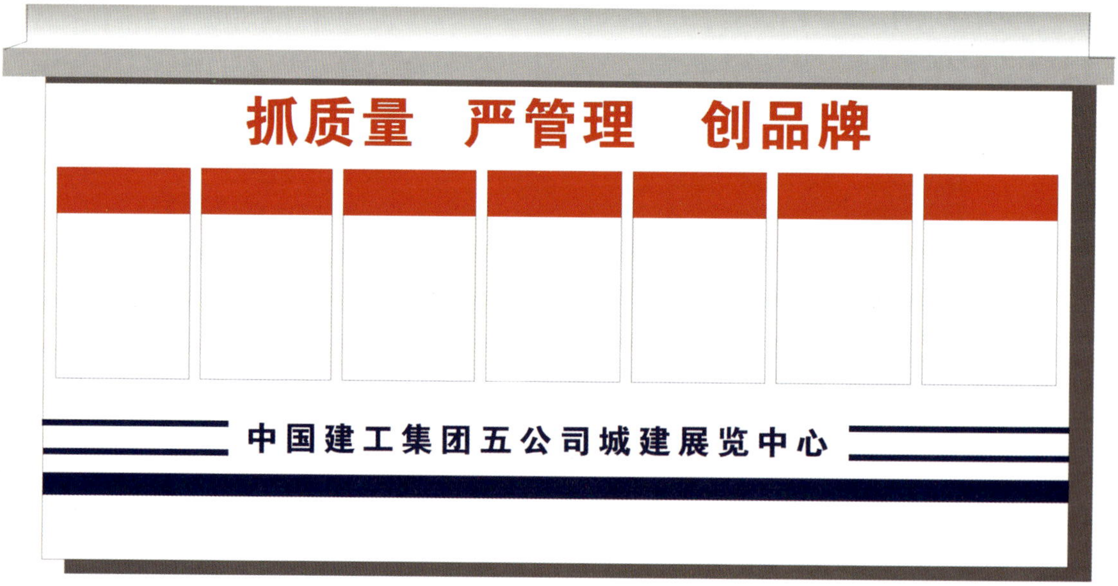
抓质量 严管理 创品牌
中国建工集团五公司城建展览中心

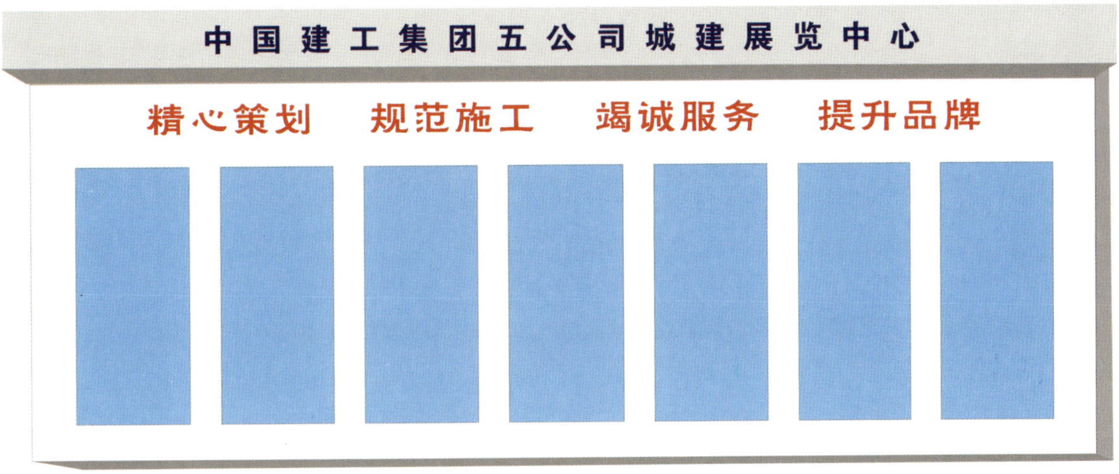
中国建工集团五公司城建展览中心
精心策划　规范施工　竭诚服务　提升品牌

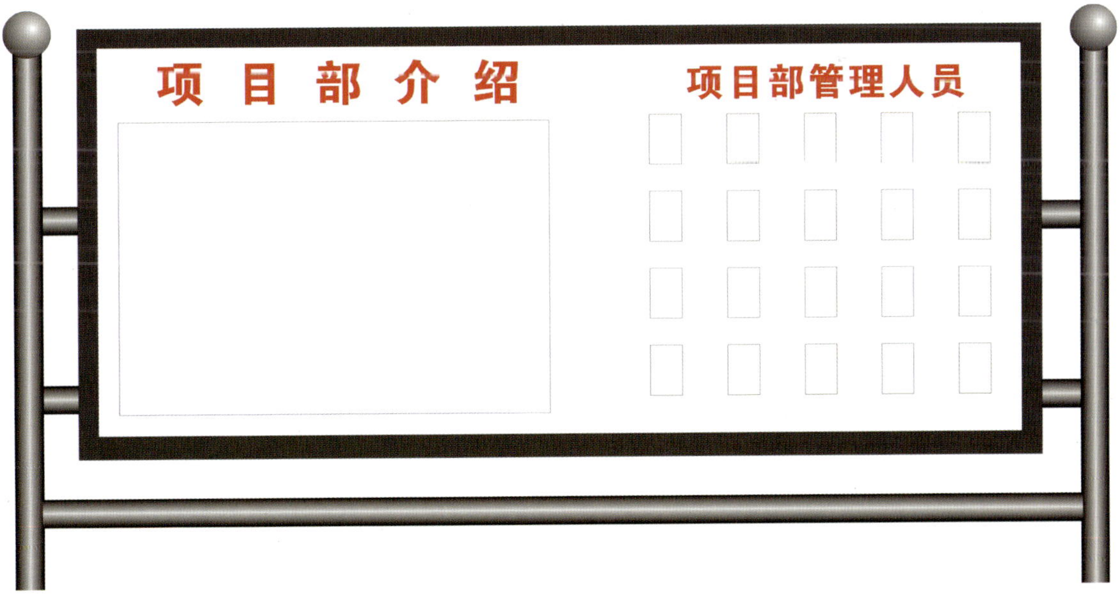
项目部介绍
项目部管理人员

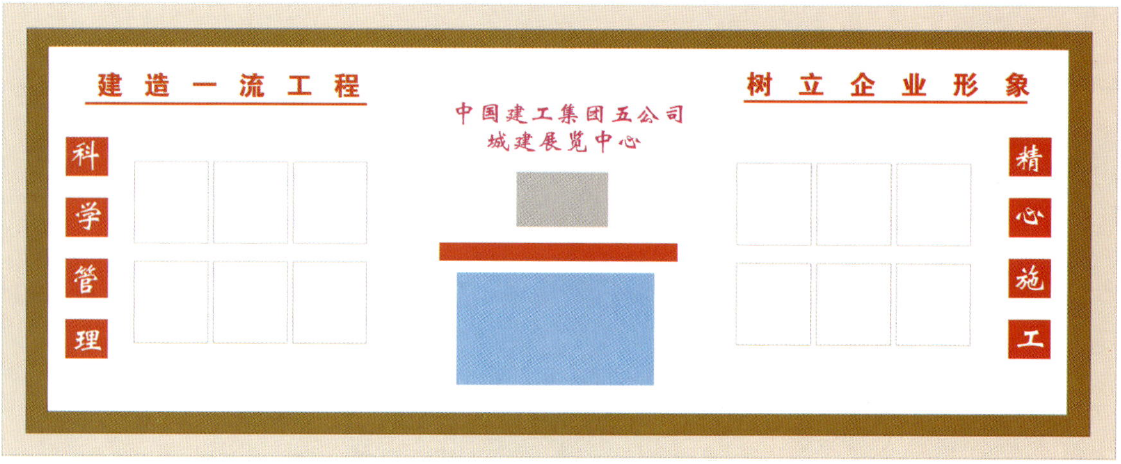

建造一流工程
树立企业形象
中国建工集团五公司
城建展览中心
科学管理
精心施工

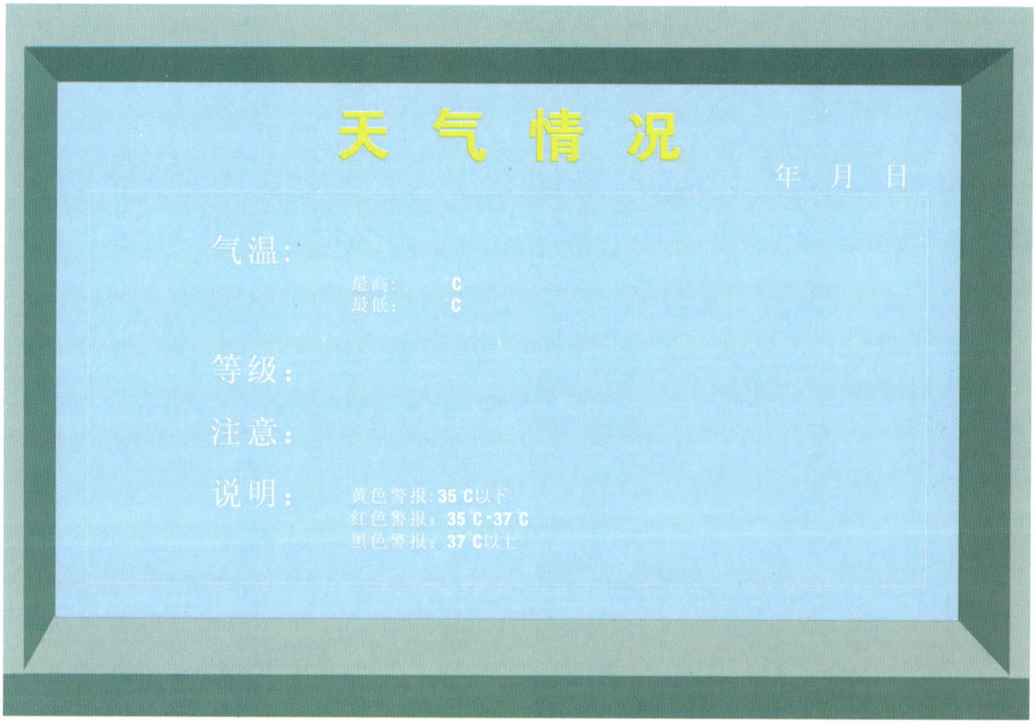

天气情况
年 月 日
气温：
最高： ℃
最低： ℃
等级：
注意：
说明：
黄色警报：35℃以下
红色警报：35℃-37℃
黑色警报：37℃以上

中国建工集团五公司城建展览中心
有形的丰碑
科学管理
精心施工
无形的追求

4.会议室形象

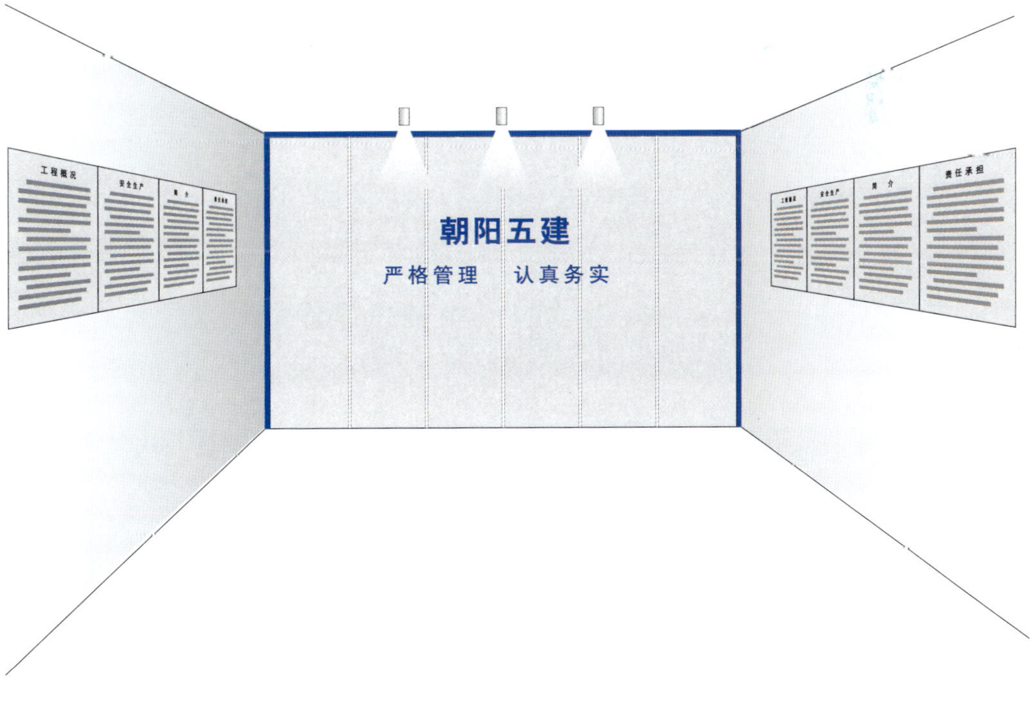
工程概况
安全生产
朝阳五建
严格管理　认真务实
责任承担

5.安全警示牌

有人操作
禁止合闸

消防器材
严禁挪用

非电工
禁止操作

施工现场　严禁吸烟

井口防护
禁止拆卸

严禁探头
随手关门

进入施工现场
必须戴好安全帽

高空、临边作业
必须系好安全带

6. 安全指示牌

限载重量：
1.5吨

限乘人数：
13人

7. 生活区警示牌

保持环境整洁
严禁乱泼脏水

爱护公共设施
便后及时冲洗
不准乱扔杂物

节约用水
小心烫伤

节约用水
爱护设施
当心滑跌

8.施工区责任牌

机 械 安 全
机械名称：
责 任 人 ：

临 时 用 电
设备名称：
责 任 人 ：

环 境 保 护
责任区域：
责 任 人 ：

现 场 卫 生
责任区域：
责 任 人 ：

料 具 管 理
料具名称：
责 任 人 ：

材料名称：
产　　地：
规　　格：
检验状态：
进场日期：

生活垃圾
管理责任人：

建筑垃圾
管理责任人：

油 漆 库
防火责任人：

稀 料 库
防火责任人：

9.设备验收牌

人货梯验收
合格牌

使用单位			合格牌编号
设备单位			验收日期
检测合格证编号		验收负责人	

吊塔验收
合格牌

使用单位			合格牌编号
设备单位			验收日期
检测合格证编号		验收负责人	

施工电梯验收
合格牌

使用单位			合格牌编号
设备单位			验收日期
检测合格证编号		设备单位	

中小型建筑机械验收
合格牌

机械名称：			
使用单位			合格牌编号
设备单位			验收日期
检测合格证编号		验收负责人	

装饰脚手架验收
合格牌

搭设栋号：________ 第____次验收 ________
验收高度：________ 至________排________列
搭设班组负责人：________ 验收主要人员：________
验收日期：________ 使用单位：________
准用日期：____年____月____日～____年____月____日
挂牌工地： 编号：

脚手架验收合格牌

搭设栋号：________ 第____次验收 ________
验收高度：________ 至________排________列
搭设班组负责人：________ 验收主要人员：________
验收日期：________ 使用单位：________
准用日期：____年____月____日～____年____月____日
挂牌工地： 编号：

10. 安全标语范例

落实安全规章制度
强化安全防范措施

安全责任重于泰山
人民利益高于一切

落实各级安全责任
提高安全管理水平

精心操作保质量
文明施工树形象

宁为安全操心
不让事故伤心

简化作业省一时
贪小失大苦一世

执行操作规程
防止大小事故

安全第一必坚持
遵章守纪须牢记

时时注意安全
处处预防事故

高高兴兴上班
平平安安回家

安全第一
预防为主

安全生产
重在预防

安全生产
人人有责

(二) 施工现场安全色标设置范例

1.禁止类色标

材料库房、成品库、油料堆放处、易燃易爆场所、材料场地、木工棚、施工现场、打字复印室

外架拆除、坑、沟、洞、槽、吊钩下方、危险部位

外用电梯出口、通道口、马道出入口首层外架四面、栏杆、未验收的外架

	高处临边施工部位
	闸箱部位
	焊工操作场所
	洞口处，施工现场各出入口作业场所

2.指令类色标

外用电梯出入口、现场大门口、吊钩下方、危险部位、马道出入口、通道口、上下交叉作业处

外用电梯出入口、马道出入口、通道口、通道出入口、车工操作间、焊工操作场所、抹灰操作场所、机械喷漆场所、修理间、电镀车间、钢筋加工场所

外用电梯出入口、马道出入口、通道口、电焊作业场所、油漆防水施工场所

现场大门口、外用电梯出入口、马道出入口、高处作业场所、特种作业场所

粉尘作业场所

3.警告类色标

材料堆放场所、施工现场

坑下作业场所、土方开挖场所

高处作业场所

带电作业场所

	机械操作场所，电锯、电钻、电刨、钢筋加工现场，机械修理场所
	有落物可能的部位
	焊工操作场所

4.提示类色标

	符合安全要求的相应场所
	符合安全要求的相应部位

5.电力安全标志牌

有电
危险

禁止合闸
有人工作

禁止合闸
线路有人工作

禁止攀登
高压危险！

禁止合闸

止步，
高压危险！

小心 有电

从此
上下

在此
工作

6.消防安全标志牌

119
火警电话

地上
消火栓

消防水带

灭火器

地下
消火栓

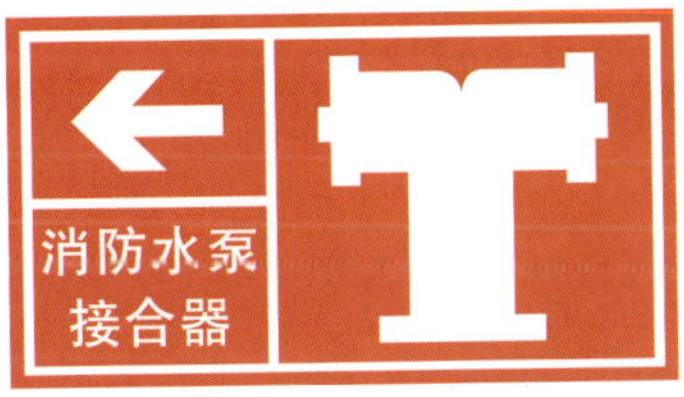
消防水泵
接合器

灭火设备

击碎板面

避险处

紧急出口

安全通道

7.辅助标志

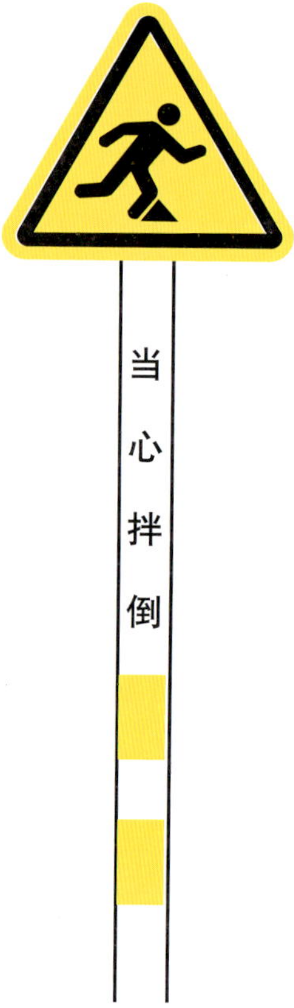

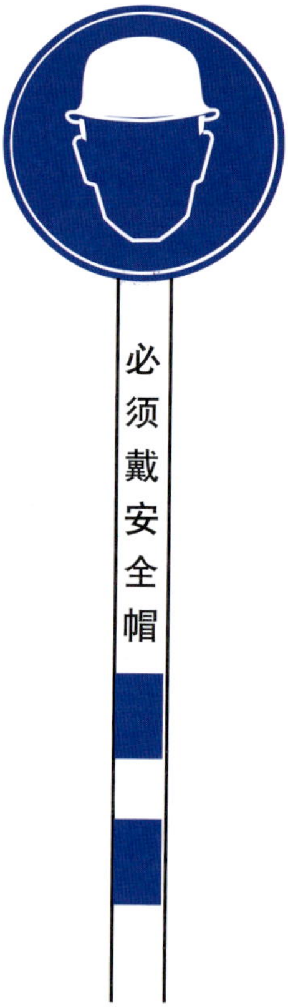

（三）安全宣传漫画

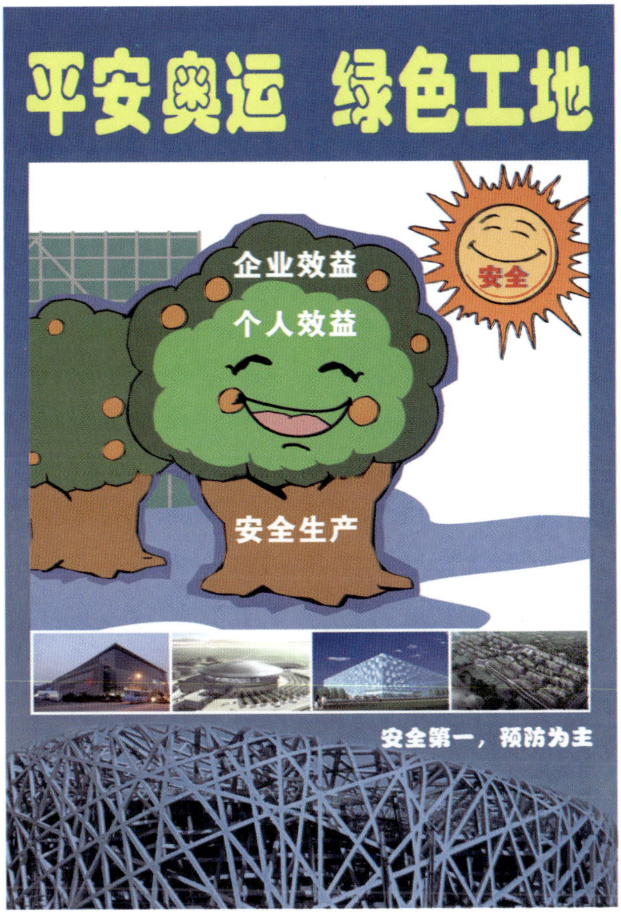
平安奥运 绿色工地
企业效益
个人效益
安全
安全生产
安全第一，预防为主

平安奥运 绿色工地
新工人上岗前必须与企业签订劳动合同

平安奥运 绿色工地
安全教育
建筑业务工人员，必须定期接受安全培训

平安奥运 绿色工地
特种作业
上岗证
特种作业人员必须持证上岗

平安奥运 绿色工地
施工现场 五大伤害事故
物体打击
机械伤害
坍 塌
触 电

平安奥运 绿色工地
拆
控制扬尘保护环境献给首都一片蓝天

平安奥运 绿色工地
进入施工现场必须戴好安全帽
服从指挥、文明施工
安全通道
严禁酒后作业

平安奥运 绿色工地
动火证
办了吗？
安全
防火安全

平安奥运 绿色工地
饮食卫生
预防传染病
预防传染病

平安奥运 绿色工地
安全生产 家庭幸福
关爱生命，关注安全；营造家庭幸福，共创和谐社会。

（四）施工现场常用标语、口号

1. 隐患险于明火，防范胜于救灾，责任重于泰山。
2. 保安全生产，促精品工程。
3. 质量为本，用户至上，拓宽市场，稳固发展。
4. 团结协作，创新求实，拼搏奉献，铸造一流。
5. 注重质量，讲求信誉，严格管理，文明施工。
6. 优质高效树形象，精益求精创名牌。
7. 建好××工程，造福首都人民。
8. 安全第一，质量为本。
9. 今天工作不努力，明天努力找工作。
10. 落实安全生产责任制，确保安全生产万无一失。
12. 科技兴企，以人为本。
13. 质量第一，用户至上。
14. 团结、务实、开拓、奉献。
15. 以管理保质量，以质量创信誉。
16. 精心组织，科学管理，文明施工，铸造一流。
17. 百年大计，质量第一。
18. 秤砣不大压千斤，安全帽小救人命。
19. 焊牢接头一个，消灭隐患一批。
20. 违章操作等于自杀，违章指挥无异杀人。
21. 安全与效益同行，事故与亏损共生。
22. 小洞不补大洞难堵，小患不防大患难当。

23. 简化作业省一时，贪小失大苦一世。
24. 生产必须安全，安全促进生产。
25. 安全生产，人人有责。
26. 安全第一，预防为主。
27. 安全生产，重在预防。
28. 把握安全，拥有明天。
29. 关爱生命，关注安全。
30. 不怕千日紧，只怕一时松。
31. 事故不难防，重在守规章。
32. 为家庭幸福，请重视安全。
33. 安全保健康，千金及不上。
34. 小心无大错，粗心铸大过。
35. 安全靠规章，严守不能忘。
36. 幸福是棵树，安全是沃土。
37. 安全不离口，规章不离手。
38. 安全为了生产，生产必须安全。
39. 高高兴兴上班，平平安安回家。
40. 时时注意安全，处处预防事故。
41. 安全来于警惕，事故出于麻痹。
42. 工作千头万绪，莫忘安全第一。
43. 执行操作规程，防止大小事故。
44. 遵章守纪光荣，违章蛮干可耻。
45. 规范安全行为，体现生命价值。
46. 夯实安全基础，强化安全管理。
47. 宁为安全操心，不让事故伤心。
48. 扳紧一只螺钉，消除一个隐患。

49. 劳动创造财富，安全带来幸福。
50. 实施安全生产法，落实规章制度严。
51. 安全生产勿侥幸，违章蛮干要人命。
52. 你对违章讲人情，事故对你不留情。
53. 严格要求安全在，违章蛮干事故来。
54. 见火不救火烧身，有章不循祸缠身。
55. 船到江心补漏迟，事故临头后悔晚。
56. 违章违纪不狠抓，害人害己害国家。
57. 事故教训是镜子，安全经验是明灯。
58. 只有时时讲安全，才能事事保平安。
59. 快刀不磨会生锈，安全不抓出纰漏。
60. 安全生产人人管，事故隐患处处防。
61. 安全第一必坚持，遵章守纪须牢记。
62. 安全是幸福之本，违章是痛苦之源。
63. 烟头虽小是火源，随手乱丢有危险。
64. 转动设备检修前，挂牌警告断电源。
65. 精心操作保质量，文明施工树形象。
66. 遵章守法细操作，整除隐患严落实。
67. 事故牵动千万家，安全要靠你我他。
68. 忽视安全求高产，好比杀鸡去取蛋。
69. 瞎马乱闯要惹祸，操作马虎要出错。
70. 铲除杂草要趁小，整除隐患要趁早。
71. 落实各级安全责任，提高安全管理水平。
72. 安全责任重于泰山，人民利益高于一切。
73. 遵章是幸福的保障，违纪是灾祸的开端。
74. 与其事后痛哭流涕，不如事前遵章守纪。

75. 遵章是安全的先导，违纪是事故的预兆。

76. 树立安全第一思想，服从安全第一原则。

77. 落实安全规章制度，强化安全防范措施。

78. 质量是企业的生命，安全是职工的生命。

79. 安全是最大的节约，事故是最大的浪费。

80. 眼睛容不下一粒沙土，安全来不得半点马虎。

81. 不伤害自己，不伤害他人，不被他人所伤害。

82. 我要安全，我懂安全，事事安全，人人安全。

83. 多看一眼，安全保险；多防一步，少出事故。

84. 人人讲安全，安全为人人；时时讲安全，安全伴一生。

85. 人人讲安全，事事为安全，时时想安全，处处要安全。

二、施工现场大门入口处标志牌

（一）工程概况牌

工程概况

工程名称			
建设单位			
施工单位			
设计单位			
监理单位			
结构类型		建筑面积	
层　　数		造　　价	
开工日期		竣工日期	
工程地址			
工程负责人			
监督电话			

要求：标牌面积不小于0.7m×0.5m，白底黑字。

（二）主要管理人员名单及联系电话牌

主要管理人员名单
及联系电话

岗位名称	姓　　名	电　　话
项目经理		
项目副经理		
安全生产负责人		
项目技术负责人		
消防保卫负责人		
文明施工负责人		
卫生防疫负责人		
环境保护负责人		
施工监理负责人		

工程名称	
施工单位	

（三）安全生产管理制度牌

安全生产管理制度

1. 贯彻执行国家和地方有关安全生产的法律、法规各项安全管理规章制度。

2. 建立健全各级生产管理人员及一线工人的安全生产责任制。

3. 各项目工程的安全措施必须齐全、到位。安全技术资料必须齐全，无安全措施不准施工，未经验收的安全设施一律不准使用。

4. 坚持特殊工种持证上岗，对特殊工种按规定进行体检、培训、考核，签发作业合格证；未经培训的作业人员一律不准上岗作业。

5. 定期对职工进行安全教育，新工人入场后要进行“三级”安全教育。新进场工人、调换工种工人，未经安全教育考试，不准进场作业。

6. 发生工伤事故及时上报，严肃处理未遂事故的责任者。

7. 安全网、安全带、安全帽必须有材质证明，使用半年以上的安全网、安全带必须检验后方可使用。

8. 机械设备安全装置齐全有效，手持式电动工具必须全部安装漏电保护器。

9. 施工用电符合安全操作规程。

10. 任何机械设备不准带病作业。

11. 对采取新工艺、特殊结构的工程，都必须先进行操作方法和安全教育，才能上岗操作。

12. 在安全教育基础上，每半年组织全体职工安全知识考试一次。

13. 坚持各级领导、生产技术负责人安全值班制度，每班必须有安全值班员。

（四）环境保护管理制度牌

环境保护管理制度

1. 坚决执行和贯彻国家及地方有关环境保护的法律、法规，杜绝环境污染和扰民。

2. 施工组织设计必须考虑环境保护措施，并在施工作业中组织实施。

3. 定期进行环保宣传教育活动，不断提高职工的环保意识和法制观念。

4. 清理施工垃圾，必须搭设封闭式临时专用垃圾道或采用容器吊运，严禁随意凌空抛散。施工垃圾应及时清运，适量洒水，减少扬尘。

5. 施工现场的主要道路进行硬化处理，裸露的场地和集中堆放的土方采取覆盖、固化或绿化等措施。

6. 施工现场土方作业应采取防止扬尘措施。

7. 从事土方、渣土和施工垃圾运输应采用密闭式运输车辆或采取覆盖措施；施工现场出入口处应采取保证车辆清洁的措施。

8. 施工现场的材料和大模板等存放场地必须平整坚实。水泥和其他易飞扬的细颗粒建筑材料应密闭存放或采取覆盖等措施。

9. 施工现场混凝土搅拌场所应采取封闭、降尘措施。

10. 施工现场设置密闭式垃圾站，施工垃圾、生活垃圾分类存放，并及时清运出场。

11. 施工现场的机械设备、车辆的尾气排放符合国家环保排放标准的要求。

12. 施工现场严禁焚烧各类废弃物。

13. 施工现场设置排水沟及沉淀池，施工污水经沉淀后方可排入市政污水管网或河流。

14. 施工现场存放的油料和化学溶剂等物品应设有专门的库房，地面做防渗漏处理。废弃的油料和化学溶剂集中处理，不得随意倾倒。

15. 食堂设置隔油池，并及时清理。

16. 厕所的化粪池应做抗渗处理。

17. 食堂、盥洗室、淋浴间的下水管线设置过滤网，并与市政污水管线连接，保证排水通畅。

18. 施工现场应按照现行国家标准《建筑施工场界噪声限值》（GB 12523）和《建筑施工场界噪声测量方法》（GB 12524）制定降噪措施。

（五）文明施工管理制度牌

文明施工管理制度

1. 施工现场实行胸牌制度，现场的所有人员都必须佩戴胸牌。

2. 施工现场道路及施工场地做硬化处理，硬化处理后的道路、场地应平整、无积水。

3. 施工区域内，各类物品按施工平面布置要求分区整齐堆放，并按 ISO 9002 标准挂牌标志。

4. 现场搅拌机四周、材料场地周围及运输道路面上无废弃砂浆和混凝土，施工过程和运输过程中散落砂浆和混凝土，应及时清理使用，做到工完场清，并明确责任人。

5. 机械维修保养符合机械管理规定，挂牌标志整齐划一。

6. 施工过程必须坚决落实工完脚下清的责任制，每天的垃圾由操作工人或安排专人清理，并运往指定垃圾站堆放，按期送往消纳场，保证现场整洁、文明。

7. 施工区与生活区要严格分开，办公室、宿舍要做到整洁、卫生。

8. 现场大门内外及施工区、生活区划分有卫生责任区，并明确责任人，根据工程大小，安排专门人员负责现场的卫生及维护，使整个现场保持整洁卫生。

9. 运输车辆不准带泥出现场，并做到沿途不遗洒运输物。

10. 生活区保持卫生，无污物和污水，生活垃圾集中堆放，及时清理。

11. 工地食堂严格执行食品卫生法和食品卫生有关管理规定，并建立卫生值日及管理制度。

12. 工地消防设施及相关标志牌按有关规定配备齐全，符合要求，施工现场严禁吸烟。

13. 每周对文明施工情况检查一次，与经济奖罚挂钩。

（六）卫生防疫管理制度牌

卫生防疫管理制度

1. 施工现场临时设施所用建筑材料应符合环保、消防要求。

2. 办公区和生活区应设密闭式垃圾容器。

3. 施工现场应配备常用药及绷带、止血带、颈托、担架等急救器材。

4. 施工现场宿舍必须设置可开启式窗户，宿舍内的床铺不得超过两层，严禁使用通铺。

5. 宿舍内的设置应符合国家有关规范的规定。

6. 食堂应设置在远离厕所、垃圾站、有毒有害场所等污染源的地方。

7. 食堂必须有卫生许可证，炊事人员必须持身体健康证上岗。炊事人员上岗应穿戴洁净的工作服、工作帽和口罩。不得穿工作服出食堂，非炊事人员不得随意进入制作间。

8. 食堂的炊具、餐具和公用饮水器具必须清洗消毒。

9. 施工现场应加强食品、原料的进货管理，食堂严禁出售变质食品。

10. 食堂的设计、配备以及原料贮存必须符合国家卫生标准。

11. 施工现场应设置水冲式或移动式厕所，并有专人保洁。

12. 淋浴间内应设置满足需要的淋浴喷头，可设置储衣柜或挂衣架。盥洗设施应设置满足作业人员使用的盥洗池。

13. 生活区应设置开水炉、电热水器或饮用水保温桶；施工区应配备流动保温水桶。

14. 施工现场应设专职或兼职保洁员，负责卫生清扫和保洁。

15. 办公区和生活区应定期投放和喷洒药物。

16. 施工现场作业人员发生法定传染病、食物中毒或急性职业中毒时，必须在2小时内向施工现场所在地建设行政主管部门和有关部门报告，并应积极配合调查处理。

17. 现场施工人员患有法定传染病时，应及时进行隔离，并由卫生防疫部门进行处置。

（七）消防保卫管理制度牌

消防保卫管理制度

1. 建立消防保卫领导小组和义务消防队。

2. 现场消防道路畅通，标志明显，器材设备符合规定。严禁吸烟，不准随便动用消防器材，违者按消防条例处罚。

3. 易燃易爆物品单独存放，严格执行领退料手续。

4. 特殊工程持证上岗，明火作业要有用火证，专人看火并配灭火器。

5. 施工组织设计要有消防、保卫措施方案及设施平面布置图，并按照有关规定报公安监督机关审批或备案。应制定治安保卫和消防工作预案。

6. 施工现场要建立门卫和巡逻护场制度，护场守卫人员要佩戴执勤标志。实行凭证件出入的制度。

7. 更衣室、财会室及职工宿舍等易发案部位要指定专人管理，制定防范措施，防止发生盗窃案件。

8. 严禁赌博、酗酒、传播淫秽物品和打架斗殴。

9. 工程的关键部位和关键工序，要制定保卫措施。

10. 电工、焊工从事电气设备安装和电、气焊切割作业，要有操作证和用火证，并配备看火人员和灭火用具。

11. 使用电气设备和易燃易爆物品，必须指定防火负责人，配备灭火器材。

12. 因施工需要搭设临时建筑，应符合防盗、防火要求，不得使用易燃材料。

13. 在施工程要坚持防火安全交底制度。

14. 施工材料的存放、保管，应符合防火安全要求，库房应用非燃材料支搭。易燃易爆物品，应专库储存，分类单独存放，保持通风，用电符合防火规定。不准在工程内、库房内调配油漆、稀料。

（八）安全管理目标牌

安全管理目标

1. 月工伤率控制在 %以下
2. 各项安全技术措施达标××分以上
3. 杜绝死亡事故
4. 无火灾事故，无重大机械事故

安全生产无事故第 天

（九）门卫管理制度牌

门卫管理制度

1. 门卫人员必须加强工作责任心，严格各项制度的落实。

2. 外来人员未经许可，不得进入施工现场。

3. 外来人员未经同意，不得留宿工地，外出职工不得迟于23时归队。

4. 未经许可，任何人不得将公物及材料携出工地大门。

5. 负责做好门卫区域的环卫工作。

6. 认真做好信件、报刊的收发工作。

7. 门卫值班人员必须严格执行出入现场的会客登记制度，认真履行登记手续，对所有进出现场的车辆进行必要的检查和登记。

8. 门卫值班人员不得擅自离岗，亦不得随便让他人代岗。严禁酒后值班。

9. 门卫值班人员必须认真填写值班记录，做好交接班的有关事宜。

三、施工现场标志牌

（一）基本规定标志牌

1. 安全生产六大纪律牌

安全生产六大纪律

1. 进入现场必须戴好安全帽，扣好帽带；并正确使用个人劳动防护用品。

2. 在2m以上的高处悬空作业时，无安全设施的，必须系好安全带、扣好保险钩。

3. 高处作业时，不准往下或向上乱抛材料和工具等物件。

4. 各种电动机械设备必须有可靠有效的安全接地和防雷装置，方能开动使用。

5. 不懂电气和机械的人员，严禁使用和乱动机电设备。

6. 吊装区域非操作人员严禁入内，吊装机械必须完好，把杆垂直下方不准站人。

2. 十项安全技术措施牌

十项安全技术措施

1. 按规定使用安全“三宝”。

2. 机械设备防护装置一定要齐全有效。

3. 塔吊等起重设备必须有限位保险装置，不准“带病”运转，不准超负荷作业，不准在运转中维修保养。

4. 架设电线线路必须符合当地电业局的规定，电气设备必须全部接零接地。

5. 电动机械和手持电动工具要设置漏电掉闸装置。

6. 脚手架材料及脚手架的搭设必须符合规程要求。

7. 各种缆风绳及其设置必须符合规程要求。

8. 在建工程的楼梯口、电梯口、预留洞口、通道，必须有防护设施。

9. 严禁赤脚或穿高跟鞋、拖鞋进入施工现场，高空作业不准穿硬底和带钉易滑的鞋靴。

10. 施工现场的悬崖、陡坎等危险地区，应设警戒标志，夜间应设红灯示警。

3. 施工现场焊割“十不烧”规定牌

施工现场焊割“十不烧”规定

1. 焊工必须持证上岗，无特种作业人员安全操作证的人员，不准进行焊、割作业。

2. 凡属一、二、三级动火范围的焊、割作业，未经办理动火审批手续，不准进行焊、割。

3. 焊工不了解焊、割现场周围情况，不得进行焊、割。

4. 焊工不了解焊件内部是否安全时，不得进行焊、割。

5. 各种装过可燃气体、易燃液体和有毒物质的容器，未经彻底清洗，排除危险性之前，不准进行焊、割。

6. 可燃材料用作保温层、冷却层、隔声、隔热设备的部位，或火星能飞溅到的地方，在未采取切实可靠的安全措施之前，不准焊、割。

7. 有压力或密闭的管道、容器，不准焊、割。

8. 焊、割部位附近有易燃易爆物品，在未作清理或未采取有效的安全措施前，不准焊、割。

9. 附近有与明火作业相抵触的工种在作业时，不准焊、割。

10. 与外单位相连的部位，在没有弄清有无险情，或明知存在危险而未采取有效的措施之前，不准焊、割。

4. 起重吊装“十不吊”规定牌

起重吊装“十不吊”规定

1. 起重臂和吊起的重物下面有人停留或行走不准吊。

2. 起重指挥应由技术培训合格的专职人员担任，无指挥或信号不清不准吊。

3. 钢筋、型钢、管材等细长和多根物件必须捆扎牢靠，多点起吊。单头“千斤”或捆扎不牢靠不准吊。

4. 多孔板、积灰斗、手推翻斗车不用四点吊或大模板外挂板不用卸甲不准吊。预制钢筋混凝土楼板不准双拼吊。

5. 吊砌块必须使用安全可靠的砌块夹具，吊砖必须使用砖笼，并堆放整齐。木砖、预埋件等零星物件要用盛器堆放稳妥，堆放不齐不准吊。

6. 楼板、大梁等吊物上站人不准吊。

7. 埋入地面的板桩、井点管等以及粘连、附着的物件不准吊。

8. 多机作业，应保证所吊重物距离不小于3m，在同一轨道上多机作业，无安全措施不准吊。

9. 六级以上强风区不准吊。

10. 斜拉重物或超过机械允许荷载不准吊。

（二）施工机械安全操作规程牌

1. 手持电动工具安全操作规程牌

手持电动工具安全操作规程

1. 使用刃具的机具，应保持刃磨锋利，完好无损，安装正确，牢固可靠。

2. 使用砂轮的机具，应检查砂轮与接盘间的软垫并安装稳固，螺帽不得过紧，凡受潮、变形、裂纹、破碎、磕边缺口或接触过油、碱类的砂轮均不得使用，并不得将受潮的砂轮片自行烘干使用。

3. 在潮湿地区或在金属构架、压力容器、管道等导电良好的场所作业时，必须使用双重绝缘或加强绝缘的电动工具。

4. 非金属壳体的电动机、电器，在存放和使用时不应受压、受潮，并不得接触汽油等溶剂。

5. 作业前的检查应符合下列要求：

1）外壳、手柄不应出现裂缝、破损；

2）电缆软线及插头等完好无损，开关动作正常，保护接零连接正确、牢固可靠；

3）各部防护罩齐全牢固，电气保护装置可靠。

6. 机具启动后，应空载运转，应检查并确认机具联动灵活无阻。作业时，加力应平稳，不得用力过猛。

7. 严禁超载使用。作业中应注意声响及温升，发现异常应立即停机检查。在作业时间过长，机具温升超过60℃时，应停机，自然冷却后再行作业。

8. 作业中，不得用手触摸刃具、模具和砂轮，发现其有磨钝、破损情况时，应立即停机修整或更换，然后再继续进行作业。

9. 机具转动时，不得撒手不管。

10. 使用冲击电钻或电锤时，应符合下列要求：

1）作业时应掌握电钻或电锤手柄，打孔时将钻头抵在工作表面，然后开动，用力适度，避免晃动；转速若急剧下降，应减少用力，防止电机过载，严禁用木杠加压；

2）钻孔时，应注意避开混凝土中的钢筋；

3）电钻和电锤为40%断续工作制，不得长时间连续使用；

4）作业孔径在25mm以上时，应有稳固的作业平台，周围应设护栏。

11. 使用瓷片切割机时应符合下列要求：

1）作业时应防止杂物、泥尘混入电动机内，并应随时观察机壳温度，当机壳温度过高及产生炭刷火花时，应立即停止检查处理；

2）切割过程中用力应均匀适当，推进刀片时不得用力过猛。当发生刀片卡死时，应立即停机，慢慢退出刀片，应在重新对正后方可再切割。

12. 使用角向磨光机时应符合下列要求：

1）砂轮应选用增强纤维树脂型，其安全线速度不得小于80m/s。配用的电缆与插头应具有加强绝缘性能，并不得任意更换；

2）磨削作业时，应使砂轮与工作面保持15°～30°的倾斜位置；切削作业时，砂轮不得倾斜，并不得横向摆动。

13. 使用电剪时应符合下列要求：

1）作业前应先根据钢板厚度调节刀头间隙量；

2）作业时不得用力过猛，当遇刀轴往复次数急剧下降时，应立即减少推力。

14. 使用射钉枪时应符合下列要求：

1）严禁用手掌推压钉管和将枪口对准人；

2）击发时，应将射钉枪垂直压紧在工作面上，当两次扣动扳机，子弹均不击发时，应保持原射击位置数秒钟后，再退出射钉弹；

3）在更换零件或断开射钉枪之前，射枪内均不得装有射钉弹。

15. 使用拉铆枪时应符合下列要求：

1）被铆接物体上的铆钉孔应与铆钉滑配合，并不得过盈量太大；

2）铆接时，当铆钉轴未拉断时，可重复扣动扳机，直到拉断为止，不得强行扭断或撬断；

3）作业中，接铆头子或柄帽若有松动，应立即拧紧。

2. 电剪安全操作规程牌

电剪安全操作规程

1. 作业前应先根据钢板厚度调节刀头间隙量。

2. 使用刃具的机具，应保持刃磨锋利、完好无损、安装正确、牢固可靠。

3. 作业前的检查应符合下列要求：

1）外壳、手柄不出现裂缝、破损；

2）电缆软线及插头等完好无损，开关动作正常，保护接零连接正确、牢固可靠；

3）各部防护罩齐全牢固，电气保护装置可靠。

4. 机具启动后，应空载运转，应检查并确认机具联动灵活无阻。作业时，加力应平稳，不得用力过猛。

5. 作业时不得用力过猛，当遇刀轴往复次数急剧下降时，应立即减少推力。

6. 严禁超载使用。作业中应注意声响及温升，发现异常应立即停机检查。在作业时间过长，机具温升超过60℃时，应停机，自然冷却后再行作业。

7. 作业中，不得用手触摸刃具，发现其有磨钝、破损情况时，应立即停机修整或更换，然后再继续进行作业。

8. 机具转动时，不得撒手不管。

3. 射钉枪安全操作规程牌

射钉枪安全操作规程

1. 作业前的检查应符合下列要求：

1）外壳、手柄不出现裂缝、破损；

2）电缆软线及插头等完好无损，开关动作正常，保护接零连接正确、牢固可靠；

3）各部防护罩齐全牢固，电气保护装置可靠。

2. 严禁用手掌推压钉管和将枪口对准人。

3. 击发时，应将射钉枪垂直压紧在工作面上，当两次扣动扳机，子弹均不击发时，应保持原射击位置数秒钟后，再退出射钉弹。

4. 在更换零件或断开射钉枪之前，射枪内均不得装有射钉弹。

5. 严禁超载使用。作业中应注意声响及温升，发现异常应立即停机检查。在作业时间过长，机具温升超过60℃时，应停机，自然冷却后再行作业。

4. 拉铆枪安全操作规程牌

拉铆枪安全操作规程

1. 使用拉铆枪时应符合下列要求：

1）被铆接物体上的铆钉孔应与铆钉滑配合，并不得过盈量太大；

2）铆接时，当铆钉轴未拉断时，可重复扣动扳机，直到拉断为止，不得强行扭断或撬断；

3）作业中，接铆头子或柄帽若有松动，应立即拧紧。

2. 作业前的检查应符合下列要求：

1）外壳、手柄不出现裂缝、破损；

2）电缆软线及插头等完好无损，开关动作正常，保护接零连接正确、牢固可靠；

3）各部防护罩齐全牢固，电气保护装置可靠。

3. 严禁超载使用。作业中应注意声响及温升，发现异常应立即停机检查。在作业时间过长，机具温升超过60℃时，应停机，自然冷却后再行作业。

5. 冲击电钻、电锤安全操作规程牌

冲击电钻、电锤安全操作规程

1. 作业前的检查应符合下列要求：

1）外壳、手柄不出现裂缝、破损；

2）电缆软线及插头等完好无损，开关动作正常，保护接零连接正确、牢固可靠；

3）各部防护罩齐全牢固，电气保护装置可靠。

2. 机具启动后，应空载运转，应检查并确认机具联动灵活无阻。作业时，加力应平稳，不得用力过猛。

3. 作业时应掌握电钻或电锤手柄，打孔时先将钻头抵在工作表面，然后开动，用力适度，避免晃动；转速若急剧下降，应减少用力，防止电机过载，严禁用木杠加压。

4. 钻孔时，应注意避开混凝土中的钢筋。

5. 电钻和电锤为40%断续工作制，不得长时间连续使用。

6. 作业孔径在25mm以上时，应有稳固的作业平台，周围应设护栏。

7. 严禁超载使用。作业中应注意声响及温升，发现异常应立即停机检查。在作业时间过长，机具温升超过60℃时，应停机，自然冷却后再行作业。

8. 作业中，不得用手触摸刃具、模具和砂轮，发现其有磨钝、破损情况时，应立即停机修整或更换，然后再继续进行作业。

9. 机具转动时，不得撒手不管。

6. 塔式起重机安全操作规程牌

塔式起重机安全操作规程

1. 起重吊装的指挥人员必须持证上岗，作业时应与操作人员密切配合，执行规定的指挥信号。操作人员应按照指挥人员的信号进行作业，当信号不清或错误时，操作人员可拒绝执行。

2. 起重机作业前，应检查轨道基础平直无沉陷，鱼尾板连接螺栓及道钉无松动，并应清除轨道上的障碍物，松开夹轨器并向上固定好。

3. 启动前重点检查项目应符合下列要求：

1）金属结构和工作机构的外观情况正常；

2）各安全装置和各指示仪表齐全完好；

3）各齿轮箱、液压油箱的油位符合规定；

4）主要部位连接螺栓无松动；

5）钢丝绳磨损情况及各滑轮穿绕符合规定；

6）供电电缆无破损。

4. 送电前，各控制器手柄应在零位。当接通电源时，应采用试电笔检查金属结构部分，确认无漏电后，方可上机。

5. 作业前，应进行空载运转，试验各工作机构是否运转正常，有无噪声及异响，各机构的制动器及安全防护装置是否有效，确认正常后方可作业。

6. 起吊重物时，重物和吊具的总重量不得超过起重机相应幅度下规定的起重量。

7. 应根据起吊重物和现场情况，选择适当的工作速度，操纵各控制器时应从停止点（零点）开始，依次逐级增加速度，严禁越挡操作。在变换运转方向时，应将控制器手柄扳到零位，待电动机停转后再转向另一方向，不得直接变换运转方向，突然变速或制动。

8. 在吊钩提升、起重小车或行走大车运行到限位装置前，均应减速缓行到停止位置，并应与限位装置保持一定距离（吊钩不得小于1m，行走轮不得小于2m）。严禁采用限位装置作为停止运行的控制开关。

9. 动臂式起重机的起升、回转、行走可同时进行，变幅应单独进行。每次变幅后应对变幅部位进行检查。允许带载变幅的，当载荷达到额定起重量的90%及以上时，严禁变幅。

10. 提升重物，严禁自由下降。重物就位时，可采用慢就位机构或利用制动器使之缓慢下降。

11. 提升重物作水平移动时，应高出其跨越的障碍物0.5m以上。

12. 对于无中央集电环及起升机构不安装在回转部分的起重机，在作业时，不得顺一个方向连续回转。

13. 装有上、下两套操纵系统的起重机，不得上、下同时使用。

14. 作业中，当停电或电压下降时，应立即将控制器扳到零位，并切断电源。如吊钩上挂有重物，应稍松稍紧反复使用制动器，使重物缓慢地下降到安全地带。

15. 采用涡流制动调速系统的起重机，不得长时间使用低速挡或慢就位速度作业。

16. 作业中如遇六级及以上大风或阵风，应立即停止作业，锁紧夹轨器，将回转机构的制动器完全松开，起重臂应能随风转动。对轻型俯仰变幅起重机，应将起重臂落下并与塔身结构锁紧在一起。

17. 作业中，操作人员临时离开操纵室时，必须切断电源，锁紧夹轨器。

18. 起重机载人专用电梯严禁超员，其断绳保护装置必须可靠。当起重机作业时，严禁开动电梯。电梯停用时，应降至塔身底部位置，不得长时间悬在空中。

19. 起重机的变幅指示器、力矩限制器、起重量限制器以及各种行程限位开关等安全保护装置，应完好齐全、灵敏可靠，不得随意调整或拆除。严禁利用限制器和限位装置代替操纵机构。

20. 起重机作业时，起重臂和重物下方严禁有人停留、工作或通过。重物吊运时，严禁从人上方通过。严禁用起重机载运人员。

21. 严禁使用起重机进行斜拉、斜吊和起吊地下埋设或凝固在地面上的重物以及其他不明重量的物体。现场浇注的混凝土构件或模板，必须全部松动后方可起吊。

22. 严禁起吊重物长时间悬停在空中，作业中遇突发故障，应采取措施将重物降落到安全地方，并关闭发动机或切断电源后进行检修。在突然停电时，应立即把所有控制器拨到零位，断开电源总开关，并采取措施使重物降到地面。

23. 操纵室远离地面的起重机，在正常指挥发生困难时，地面及作业层（高空）的指挥人员均应采用对讲机等有效的通信联络进行指挥。

24. 作业完毕后，起重机应停放在轨道中间位置，起重臂应转到顺风方向，并松开回转制动器，小车及平衡重应置于非工作状态，吊钩直升到离起重臂顶端2～3m处。

25. 停机时，应将每个控制器拨回零位，依次断开各开关，关闭操纵室门窗，下机后，应锁紧夹轨器，使起重机与轨道固定，断开电源总开关，打开高空指示灯。

26. 检修人员上塔身、起重臂、平衡臂等高空部位检查或修理时，必须系好安全带。

27. 在寒冷季节，对停用起重机的电动机、电器柜、变阻器箱、制动器等，应严密遮盖。

28. 动臂式和尚未附着的自升式塔式起重机，塔身上不得悬挂标语牌。

7. 卷扬机安全操作规程牌

卷扬机安全操作规程

1. 安装时，基座应平稳牢固、周围排水畅通、地锚设置可靠，并应搭设工作棚。操作人员的位置应能看清指挥人员和拖动或起吊的物件。

2. 作业前，应检查卷扬机与地面的固定，弹性联轴器不得松旷。并应检查安全装置、防护设施、电气线路、接零或接地线、制动装置和钢丝绳等，全部合格后方可使用。

3. 使用皮带或开式齿轮传动的部分，均应设防护罩，导向滑轮不得用开口拉板式滑轮。

4. 以动力正反转的卷扬机，卷筒旋转方向应与操纵开关上指示的方向一致。

5. 从卷筒中心线到第一个导向滑轮的距离，带槽卷筒应大于卷筒宽度的15倍；无槽卷筒应大于卷筒宽度的20倍。当钢丝绳在卷筒中间位置时，滑轮的位置应与卷筒轴线垂直，其垂直度允许偏差为6°。

6. 钢丝绳应与卷筒及吊笼连接牢固，不得与机架或地面摩擦，通过道路时，应设过路保护装置。

7. 在卷扬机制动操作杆的行程范围内，不得有障碍物或阻卡现象。

8. 卷筒上的钢丝绳应排列整齐，当重叠或斜绕时，应停机重新排列，严禁在转动中手拉脚踩钢丝绳。

9. 作业中，任何人不得跨越正在作业的卷扬钢丝绳。物件提升后，操作人员不得离开卷扬机，物件或吊笼下面严禁人员停留或通过。休息时应将物件或吊笼降至地面。

10. 作业中如发现异响、制动不灵、制动带或轴承等温度剧烈上升等异常情况时，应立即停机检查，排除故障后方可使用。

11. 作业中停电时，应切断电源，将提升物件或吊笼降至地面。

12. 作业完毕，应将提升吊笼或物件降至地面，并应切断电源，锁好开关箱。

8. 电动吊篮作业安全操作规程牌

电动吊篮作业安全操作规程

1. 操作人员必须身体健康，并经过专业培训考试合格，在取得有关部门颁发的操作证后方可独立操作。学员必须在师傅的指导下进行操作。

2. 安装后进行下列各项检查试验，确认正常后，方可交付使用。

1）检查屋面机构的安装，应配合良好，锚固可靠；悬臂长度及连接方式均正确；

2）钢丝绳无扭结、挤伤、松散；磨损、断丝不超限，悬挂、绕绳方式及悬重均正确；

3）防坠落及外旋转机构的安全保护装置齐全可靠；

4）电机无异响、过热，启动正常、制动可靠；

5）吊篮应做额定起重量125%的静超载试验和110%的动超载试验，要求升降正常，限位装置灵敏可靠。

3. 作业前应进行下列检查：

1）屋面机构、悬重及钢丝绳符合要求；

2）电源电压应正常，接地（接零）保护良好；

3）机械设备正常，安全保护装置齐全可靠；

4）吊篮内无杂物，严禁超载。

4. 启动后，进行升降吊篮运转试验，确认正常后，方可作业。

5. 作业中，发现运转不正常时，应立即停机，并采取安全保护措施。未经专业人员检验修复前不得继续使用。

6. 利用吊篮进行电焊作业时，必须对吊篮、钢丝绳进行全面防护，不得用其作为接线回路。

7. 作业后，吊篮应清扫干净，悬挂离地面 3m 处，切断电源，撤去梯子。

9. 通风机安全操作规程牌

通风机安全操作规程

1. 通风机和管道的安装，应保持在高速运转情况下稳定牢固。不得露天安装，作业场地必须有防火设备。

2. 风管接头应严密，口径不同的风管不得混合连接，风管转角处应做成大圆角。风管出风口距工作面宜为6～10m。风管安装不应妨碍人员行走及车辆通行；若架空安装，支点及吊挂应牢固可靠。隧道工作面附近的管道应采取保护措施，防止放炮砸坏。

3. 通风机及通风管应装有风压水柱表，并应随时检查通风情况。

4. 启动前应检查并确认主机和管件的连接符合要求，风扇转动平稳、电器部分包括电流过载继电保护装置均齐全后，方可启动。

5. 运行中，运转应平稳无异响，如发现异常情况时，应立即停机检修。

6. 运行中，当电动机温升超过铭牌规定时，应停机降温。

7. 运行中不得检修。对无逆止装置的通风机，应待风道回风消失后方可检修。

8. 严禁在通风机和通风管上放置或悬挂任何物件。

9. 作业后，应切断电源。长期停用时，应放置在干燥的室内。

10. 磨钎机安全操作规程牌

磨钎机安全操作规程

1. 磨钎机的地基应牢固，砂轮的规格性能应符合要求，并应安装防护罩。

2. 安装砂轮时不得用锤敲打，孔与轴配合应符合规定，轴端紧固螺帽应牢固。

3. 砂轮失圆、过薄或因磨损，离夹板边缘小于30mm时，不得使用。

4. 钎头托架应安装牢固，托架面应平整。托架与砂轮端面的距离不得大于3mm。

5. 启动前，应检查并确认螺栓与砂轮夹板无松动、砂轮无裂纹、防护装置牢固及电气装置无漏电后，方可启动。启动后，待砂轮运转正常，方可磨钎。

6. 运转中，发现声音异常应立即停机检修。电动机温升应在规定范围内。

7. 磨钎机的电动机不得装用倒顺开关。停电时，应切断电源。

8. 磨钎时，必须戴防护眼镜，不得戴手套，操作者应站在砂轮的侧面，严禁站在旋转砂轮的正面。

9. 磨钎时，应用冷却液进行冷却，不得将钎头装在钎杆上进行磨钎。

11. 施工升降机（人货两用电梯）安全操作规程牌

施工升降机（人货两用电梯）安全操作规程

1. 施工升降机应为人货两用电梯，其安装和拆卸工作必须由取得建设行政主管部门颁发的拆装资质证书的专业队负责，并必须由经过专业培训、取得操作证的专业人员进行操作和维修。

2. 地基应浇制混凝土基础，其承载能力应大于150kPa，地基上表面平整度允许偏差为10mm，并应有排水设施。

3. 应保证升降机的整体稳定性，升降机导轨架的纵向中心线至建筑物外墙面的距离宜选用较小的安装尺寸。

4. 导轨架安装时，应用经纬仪对升降机在两个方向进行测量校准，其垂直度允许偏差为其高度的5/10000。

5. 导轨架顶端自由高度、导轨架与附壁距离、导轨架的两附壁连接点间距离和最低附壁点高度均不得超过出厂规定。

6. 升降机的专用开关箱应设在底架附近便于操作的位置，馈电容量应满足升降机直接启动的要求，箱内必须设短路、过载、相序、断相及零位保护等装置。升降机所有电气装置均应执行《建筑机械使用安全技术规程》(JGJ 33—2001) 第3.1节和第3.4节的规定。

7. 升降机梯笼周围2.5m范围内应设置稳固的防护栏杆，各楼层平台通道应平整牢固，出入口应设防护栏杆和防护门。全行程四周不得有危害运行的障碍物。

8. 升降机安装在建筑物内部井道中间时，应在全行程范围井壁四周搭设封闭屏障。装设在阴暗处或夜班作业的升降机，应在全行程上装设足够的照明和明亮的楼层编号标志灯。

9. 升降机安装后，应经企业技术负责人会同有关部门对基础和附壁支架以及升降机架设安装的质量、精度等进行全面检查，并应按规定程序进行技术试验（包括坠落试验），经试验合格签证后，方可投入运行。

10. 升降机的防坠安全器，在使用中不得任意拆检调整，需要拆检调整时或每用满 1 年后，均应由生产厂或指定的认可单位进行调整、检修或鉴定。

11. 新安装或转移工地重新安装以及经过大修后的升降机，在投入使用前，必须经过坠落试验。升降机在使用中每隔 3 个月，应进行一次坠落试验。试验程序应按说明书规定进行，当试验中梯笼坠落超过 1.2m 制动距离时，应查明原因，并应调整防坠安全器，切实保证不超过 1.2m 制动距离。试验后以及正常操作中每发生一次防坠动作，均必须对防坠安全器进行复位。

12. 作业前重点检查项目应符合下列要求：

1）各部结构无变形，连接螺栓无松动；

2）齿条与齿轮、导向轮与导轨均接合正常；

3）各部钢丝绳固定良好，无异常磨损；

4）运行范围内无障碍。

13. 启动前，应检查并确认电缆、接地线完整无损，控制开关在零位。电源接通后，应检查并确认电压正常，应测试无测电现象。应试验并确认各限位装置、梯笼、围护门等处的电器联锁装置良好可靠，电器仪表灵敏有效。启动后，应进行空载升降试验，测定各传动机构制动器的效能，确认正常后，方可开始作业。

14. 升降机在每班首次载重运行时，当梯笼升离地面1～2m时，应停机试验制动器的可靠性；当发现制动效果不良时，应调整或修复后方可运行。

15. 梯笼内乘人或载物时，应使载荷均匀分布，不得偏重。严禁超载运行。

16. 操作人员应根据指挥信号操作。作业前应鸣声示意。在升降机未切断总电源开关前，操作人员不得离开操作岗位。

17. 当升降机运行中发现有异常情况时，应立即停机并采取有效措施将梯笼降到底层，排除故障后方可继续运行。在运行中发现电气失控时，应立即按下急停按钮；在未排除故障前，不得打开急停按钮。

18. 升降机在大雨、大雾、六级及以上大风以及导轨架、电缆等结冰时，必须停止运行，并将梯笼降到底层，切断电源。暴风雨后，应对升降机各有关安全装置进行一次检查，确认正常后，方可运行。

19. 升降机运行到最上层或最下层时，严禁用行程限位开关作为停止进行的控制开关。

20. 当升降机在运行中由于断电或其他原因而中途停止时，可进行手动下降，将电动机尾端制动电磁铁手动释放拉手缓缓向外拉出，使梯笼缓慢地向下滑行。梯笼下滑时，不得超过额定运行速度，手动下降必须由专业维修人员进行操纵。

21. 作业后，应将梯笼降到底层，各控制开关拨到零位，切断电源，锁好开关箱，闭锁梯笼门和围护门。

12. 混凝土搅拌机安全操作规程牌

混凝土搅拌机安全操作规程

1. 固定式搅拌机应安装在牢固的台座上。当长期固定时，应埋置地脚螺栓；在短期使用时，应在机座上铺设木枕并找平放稳。

2. 固定式搅拌机的操纵台，应使操作人员能看到各部工作情况。电动搅拌机的操纵台，应垫上橡胶或干燥木板。

3. 移动式搅拌机的停放位置应选择平整坚实的场地，周围应有良好的排水沟渠。就位后，应放下支腿将机架顶起达到水平位置，使轮胎离地。当使用期较长时，应将轮胎卸下妥善保管，轮轴端部用油布包扎好，并用枕木将机架垫起支牢。

4. 对需设置上料斗地坑的搅拌机，其坑口周围应垫高夯实，应防止地面水流入坑内。上料轨道架的底端支承面应夯实或铺砖，轨道架的后面应采用木料加以支承，应防止作业时轨道变形。

5. 料斗放到最低位置时，在料斗与地面之间，应加一层缓冲垫木。

6. 作业前重点检查项目应符合下列要求：

1）电源电压升降幅度不超过额定值的5%；

2）电动机和电器元件的接线牢固，保护接零或接地电阻符合规定；

3）各传动机构、工作装置、制动器等均紧固可靠，开式齿轮、皮带轮等均有防护罩；

4）齿轮箱的油质、油量符合规定。

7. 作业前，应先启动搅拌机空载运转。应确认搅拌筒或叶片旋转方向与筒体上箭头所示方向一致。对反转出料的搅拌机，应使搅拌筒正、反转运转数分钟，并应无冲击抖动现象和异常噪声。

8. 作业前，应进行料斗提升试验，应观察并确认离合器、制动器灵活可靠。

9. 应检查并校正供水系统的指示水量与实际水量的一致性；当误差超过2%时，应检查管路的漏水点，或应校正节流阀。

10. 应检查集料规格并应与搅拌机性能相符，超出许可范围的不得使用。

13. 混凝土搅拌站安全操作规程牌

混凝土搅拌站安全操作规程

1. 混凝土搅拌站的安装，应由专业人员按出厂说明书规定进行，并应在技术人员主持下，组织调试，在各项技术性能指标全部符合规定并经验收合格后，方可投产使用。

2. 与搅拌站配套的空气压缩机、皮带输送机及混凝土搅拌机等设备，应执行《建筑机械使用安全技术规程》（JGJ 33—2001）第 3.5 节、第 6.8 节、第 8.2 节的规定。

3. 作业前检查项目应符合下列要求：

1）搅拌筒内和各配套机构的传动、运动部位及仓门、斗门轨道等均无异物卡住；

2）各润滑油箱的油面高度符合规定；

3）打开阀门排放气路系统中气水分离器的过多积水，打开贮气筒排污螺塞放出油水混合物；

4）提升斗或拉铲的钢丝绳安装、卷筒缠绕均正确，钢丝绳及滑轮符合规定，提升料斗及拉铲的制动器灵敏有效；

5）各部螺栓已紧固，各进、排料阀门无超限磨损，各输送带的张紧度适当，不跑偏；

6）称量装置的所有控制和显示部分工作正常，其精度符合规定；

7）各电气装置能有效控制机械动作，各接触点和动、静触头无明显损伤。

4. 应按搅拌站的技术性能准备合格的砂、石集料，粒径超出许可范围的不得使用。

5. 机组各部分应逐步启动。启动后，各部件运转情况和各仪表指示情况应正常，油、气、水的压力应符合要求，方可开始作业。

6. 作业过程中，在贮料区内和提升斗下，严禁人员进入。

7. 搅拌筒启动前应盖好仓盖。机械运转中，严禁将手、脚伸入料斗或搅拌筒探摸。

8. 当拉铲被障碍物卡死时，不得强行起拉，不得用拉铲起吊重物，在拉料过程中，不得进行回转操作。

9. 搅拌机满载搅拌时不得停机，当发生故障或停电时，应立即切断电源，锁好开关箱，将搅拌筒内的混凝土清除干净，然后排除故障或等待电源恢复。

10. 搅拌站各机械不得超载作业；应检查电动机的运转情况，当发现运转声音异常或温升过高时，应立即停机检查；电压过低时不得强制运行。

11. 搅拌机停机前，应先卸载，然后按顺序关闭各部开关和管路。应将螺旋管内的水泥全部输送出来，管内不得残留任何物料。

12. 作业后，应清理搅拌筒、出料门及出料斗，并用水冲洗，同时冲洗附加剂及其供给系统。称量系统的刀座、刀口应清洗干净，并应确保称量精度。

13. 冰冻季节，应放尽水泵、附加剂泵、水箱及附加剂箱内的存水，并应启动水泵和附加剂泵运转1～2min。

14. 当搅拌站转移或停用时，应将水箱、附加剂箱、水泥、砂、石贮存料斗及称量斗内的物料排净，并清洗干净。转移中，应将杆杠秤表头平衡砣秤杆固定，传感器应卸载。

14. 混凝土泵送安全操作规程牌

混凝土泵送安全操作规程

1. 混凝土泵应安放在平整、坚实的地面上，周围不得有障碍物，在放下支腿并调整后应使机身保持水平和稳定，轮胎应楔紧。

2. 泵送管道的敷设应符合下列要求：

1）水平泵送管道宜直线敷设；

2）垂直泵送管道不得直接装接在泵的输出口上，应在垂直管前端加装长度不小于20m的水平管，并在水平管近泵处加装逆止阀；

3）敷设向下倾斜的管道时，应在输出口上加装一段水平管，其长度不应小于倾斜管高低差的5倍。当倾斜度较大时，应在坡度上端装设排气活阀；

4）泵送管道应有支承固定，在管道和固定物之间应设置木垫作缓冲，不得直接与钢筋或模板相连，管道与管道间应连接牢靠；管道接头和卡箍应扣牢密封，不得漏浆；不得将已磨损管道装在后端高压区；

5）泵送管道敷设后，应进行耐压试验。

3. 砂石粒径、水泥强度等级及配合比应按出厂规定，满足泵机可泵性的要求。

4. 作业前应检查并确认泵机各部螺栓紧固，防护装置齐全可靠，各部位操纵开关、调整手柄、手轮、控制杆、旋塞等均在正确位置，液压系统正常无泄漏，液压油符合规定，搅拌斗内无杂物，上方的保护网格完好无损并盖严。

5. 输送管道的管壁厚度应与泵送压力匹配，近泵处应选用优质管子。管道接头、密封圈及弯头等应完好无损。高温烈日下应采用湿麻袋或湿草袋遮盖管路，并应及时浇水降温，寒冷季节应采取保温措施。

6. 应配备清洗管、清洗用品、接球器及有关装置。开泵前，无关人员应离开管道周围。

7. 启动后，应空载运转，观察各仪表的指示值，检查泵和搅拌装置的运转情况，确认一切正常后，方可作业。泵送前应向料斗加入10L清水和0.3m^3的水泥砂浆润滑泵及管道。

8. 泵送作业中，料斗中的混凝土平面应保持在搅拌轴轴线以上。料斗格网上不得堆满混凝土，应控制供料流量，及时清除超粒径的集料及异物，不得随意移动格网。

9. 当进入料斗的混凝土有离析现象时应停泵，待搅拌均匀后再泵送。当集料分离严重，料斗内灰浆明显不足时，应剔除部分集料，另加砂浆重新搅拌。

10. 泵送混凝土应连续作业；当因供料中断被迫暂停时，停机时间不得超过30min。暂停时间内应每隔5～10min（冬季3～5min）作2～3个冲程反泵—正泵运动，再次投料泵送前应先将料搅拌。当停泵时间超限时，应排空管道。

11. 垂直向上泵送中断后再次泵送时，应先进行反向推送，使分配阀内混凝土吸回料斗，经搅拌后再正向泵送。

12. 泵机转动时，严禁将手或铁锹伸入料斗或用手抓握分配阀。当需在料斗或分配阀上工作时，应先关闭电动机和消除蓄能器压力。

13. 不得随意调整液压系统压力。当油温超过70℃时，应停止泵送，但仍应使搅拌叶片和风机运转，待降温后再继续运行。

14. 水箱内应贮满清水，当水质混浊并有较多砂粒时，应及时检查处理。

15. 泵送时，不得开启任何输送管道和液压管道；不得调整、修理正在运转的部件。

16. 作业中，应对泵送设备和管路进行观察，发现隐患应及时处理。对磨损超过规定的管子、卡箍、密封圈等应及时更换。

17. 应防止管道堵塞。泵送混凝土应搅拌均匀，控制好坍落度；在泵送过程中，不得中途停泵。

18. 当出现输送管堵塞时，应进行反泵运转，使混凝土返回料斗；当反泵几次仍不能消除堵塞，应在泵机卸载情况下，拆管排除堵塞。

19. 作业后，应将料斗内和管道内的混凝土全部输出，然后对泵机、料斗、管道等进行冲洗。当用压缩空气冲洗管道时，进气阀不应立即开大，只有当混凝土顺利排出时，方可将进气阀开至最大。在管道出口端前方10m内严禁站人，并应用金属网篮等收集冲出清洗球和砂石粒。对凝固的混凝土，应采用刮刀清除。

20. 作业后，应将两侧活塞转到清洗室位置，并涂上润滑油。各部位操纵开关、调整手柄、手轮、控制杆、旋塞等均应复位。液压系统应卸载。

15. 混凝土喷射机安全操作规程牌

混凝土喷射机安全操作规程

1. 喷射机应采用干喷作业，应按出厂说明书规定的配合比配料，风源应是符合要求的稳压源，电源、水源、加料设备等均应配套。

2. 管道安装应正确，连接处应紧固密封。当管道通过道路时，应设置在地槽内并加盖保护。

3. 喷射机内部应保持干燥和清洁，加入的干料配合比及潮润程序，应符合喷射机性能要求，不得使用结块的水泥和未经筛选的砂石。

4. 作业前重点检查项目应符合下列要求：

1）安全阀灵敏可靠；

2）电源线无破裂现象，接线牢靠；

3）各部密封件密封良好，对橡胶结合板和旋转板出现的明显沟槽及时修复；

4）压力表指针在上、下限之间，根据输送距离，调整上限压力的极限值；

5）喷枪水环（包括双水环）的孔眼畅通。

5. 启动前，应先接通风、水、电，开启进气阀逐步达到额定压力，再启动电动机空载运转，确认一切正常后，方可投料作业。

6. 机械操作和喷射操作人员应有联系信号，送风、加料、停料、停风以及发生堵塞时，应及时联系，密切配合。

7. 在喷嘴前方严禁站人，操作人员应始终站在已喷射过的混凝土支护面以内。

8. 作业中，当暂停时间超过1h时，应将仓内及输料管内的干混合料全部喷出。

9. 发生堵管时，应先停止喂料，对堵塞部位进行敲击，迫使物料松散，然后用压缩空气吹通。此时，操作人员应紧握喷嘴，严禁甩动管道伤人。当管道中有压力时，不得拆卸管接头。

10. 转移作业面时，供风、供水系统应随之移动，输料软管不得随地拖拉和折弯。

11. 停机时，应先停止加料，然后再关闭电动机和停送压缩空气。

12. 作业后，应将仓内和输料软管内的干混合料全部喷出，并应将喷嘴拆下清洗干净，清除机身内外黏附的混凝土料及杂物。同时应清理输料管，并应使密封件处于放松状态。

16. 插入式振动器安全操作规程牌

插入式振动器安全操作规程

1. 插入式振动器的电动机电源上，应安装漏电保护装置，接地或接零应安全可靠。

2. 操作人员应经过用电教育，作业时应穿戴绝缘胶鞋和绝缘手套。

3. 电缆线应满足操作所需的长度。电缆线上不得堆压物品或让车辆挤压，严禁用电缆线拖拉或吊挂振动器。

4. 使用前，应检查各部并确认连接牢固，旋转方向正确。

5. 振动器不得在初凝的混凝土、地板、脚手架和干硬的地面上进行试振。在检修或作业间断时，应断开电源。

6. 作业时，振动棒软管的弯曲半径不得小于500mm，并不得多于两个弯，操作时应将振动棒垂直地沉入混凝土，不得用力硬插、斜推或让钢筋夹住棒头，也不得全部插入混凝土中，插入深度不应超过棒长的3/4，不宜触及钢筋、芯管及预埋件。

7. 振动棒软管不得出现裂纹，当软管使用过久使长度增长时，应及时修复或更换。

8. 作业停止需移动振动器时，应先关闭电动机，再切断电源。不得用软管拖拉电动机。

9. 作业完毕，应将电动机、软管、振动棒清理干净，并应按规定要求进行保养作业。振动器存放时，不得堆压软管，应平直放好，并应对电动机采取防潮措施。

17. 混凝土真空吸水泵安全操作规程牌

混凝土真空吸水泵
安全操作规程

1. 真空室内过滤网应完整，集水室通向真空泵的回水管上的旋塞开启应灵活，指示仪表应正确，进出水管应按出厂说明书要求连接。

2. 启动后，应检查并确认电动机旋转方向与罩壳上箭头指向一致，然后应堵住进水口，检查泵机空载真空度，表值不应小于96kPa。当不符合上述要求时，应检查泵组、管道及工作装置的密封情况。有损坏时，应及时修理或更换。

3. 作业开始即应计时量水，观察机组真空表，并应随时做好记录。

4. 作业后，应冲洗水箱及滤网的泥砂，并应放尽水箱内存水。

5. 冬季施工或存放不用时，应把真空泵内的冷却水放尽。

18. 附着式、平板式振动器安全操作规程牌

附着式、平板式振动器安全操作规程

1. 附着式、平板式振动器轴承不应承受轴向力，在使用时，电动机轴应保持水平状态。

2. 在一个模板上同时使用多台附着式振动器时，各振动器的频率应保持一致，相对面的振动器应错开安装。

3. 作业前，应对附着式振动器进行检查和试振。试振不得在干硬土或硬质物体上进行。安装在搅拌站料仓上的振动器，应安置橡胶垫。

4. 安装时，振动器底板安装螺孔的位置应正确，应防止底脚螺栓安装扭斜而使机壳受损。底脚螺栓应紧固，各螺栓的紧固程度应一致。

5. 使用时，引出电缆线不得拉得过紧，更不得断裂。作业时，应随时观察电气设备的漏电保护器和接地或接零装置并确认合格。

6. 附着式振动器安装在混凝土模板上时，每次振动时间不应超过1min，当混凝土在模内泛浆流动或成水平状时即可停振，不得在混凝土初凝状态时再振。

7. 装置振动器的构件模板应坚固牢靠，其面积应与振动器额定振动面积相适应。

8. 平板式振动器作业时，应使平板与混凝土保持接触，使振波有效地振实混凝土，待表面出浆，不再下沉后，即可缓慢向前移动，移动速度应能保证混凝土振实出浆。在振的振动器，不得搁置在已凝或初凝的混凝土上。

19. 钢筋加工机械安全技术规程牌

钢筋加工机械安全技术规程

1. 钢筋加工机械中的电动机、液压装置、卷扬机的使用，应执行《建筑机械使用安全技术规程》（JGJ 33—2001）第3.4、第4.7节及附录C的规定。

2. 机械的安装应坚实稳固，保持水平位置。固定式机械应有可靠的基础；移动式机械作业时应揳紧行走轮。

3. 室外作业应设置机棚，机旁应有堆放原料、半成品的场地。

4. 加工较长的钢筋时，应有专人帮扶，并听从操作人员指挥，不得任意推拉。

5. 作业后，应堆放好成品，清理场地，切断电源，锁好开关箱，做好润滑工作。

20. 钢筋调直切断机安全操作规程牌

钢筋调直切断机
安全操作规程

1. 机械的安装应坚实稳固，保持水平位置。固定式机械应有可靠的基础；移动式机械作业时应楔紧行走轮。

2. 室外作业应设置机棚，机旁应有堆放原料、半成品的场地。

3. 加工较长的钢筋时，应有专人帮扶，并听从操作人员指挥，不得任意推拉。

4. 料架、料槽应安装平直，并应对准导向筒、调直筒和下切刀孔的中心线。

5. 应用手转动飞轮，机查传动机构和工作装置，调整间隙，紧固螺栓，确认正常后，启动空运转，并应检查轴承无异响，齿轮啮合良好，运转正常后，方可作业。

6. 应按调直钢筋的直径，选用适当的调直块及传动速度。调直块的孔径应比钢筋大 2～5mm，传动速度应根据直径选用，直径大的宜选用慢速，经调合格，方可送料。

7. 在调直块未固定、防护罩未盖好前不得送料。作业中严禁打开各部防护罩并调整间隙。

8. 当钢筋送入后，手与曳轮应保持一定的距离，不得接近。

9. 送料前，应将不直的钢筋端头切除。导向筒前应安装一根 1m 长的钢管，钢筋应先穿过钢管再送入调直前端的导孔内。

10. 经过调直后的钢筋如仍有慢弯，可逐渐加大调直块的偏移量，直到调直为止。

11. 切断3或4根钢筋后，应停机检查其长度，当超过允许偏差时，应调整限位开关或定尺板。

12. 作业后，应堆放好成品，清理场地，切断电源，锁好开关箱，做好润滑工作。

21. 钢筋切断机安全操作规程牌

钢筋切断机安全操作规程

1. 机械的安装应坚实稳固，保持水平位置。固定式机械应有可靠的基础；移动式机械作业时应揳紧行走轮。

2. 室外作业应设置机棚，机旁应有堆放原料、半成品的场地。

3. 加工较长的钢筋时，应有专人帮扶，并听从操作人员指挥，不得任意推拉。

4. 接送料的工作台面应和切刀下部保持水平，工作台的长度可根据加工材料长度确定。

5. 启动前，应检查并确认切刀无裂纹，刀架螺栓紧固，防护罩牢靠。然后用手转动皮带轮，检查齿轮啮合间隙，调整切刀间隙。

6. 启动后，应先空运转，检查各传动部分及轴承运转正常后，方可作业。

7. 机械未达到正常转速时，不得切料。切料时，应使用切刀的中、下部位，紧握钢筋对准刃口迅速投入，操作者应站在固定刀片一侧用力压住钢筋，应防止钢筋末端弹出伤人。严禁用两手分在刀片两边握住钢筋俯身送料。

8. 不得剪切直径及强度超过机械铭牌规定的钢筋和烧红的钢筋。一次切断多根钢筋时，其总截面积应在规定范围内。

9. 剪切低合金钢时，应更换高硬度切刀，剪切直径应符合机械铭牌规定。

10. 切断短料时，手和切刀之间的距离应保持在150mm以上，如手握端小于400mm时，应采用套管或夹具将钢筋短头压住或夹牢。

11. 运转中，严禁用手直接清除切刀附近的断头和杂物。钢筋摆动周围和切刀周围，不得停留非操作人员。

12. 当发现机械运转不正常、有异常响声或切刀歪斜时，应立即停机检修。

13. 液压传动式切断机作业前，应检查并确认液压油位及电动机旋转方向符合要求。启动后，应空载运转，松开放油阀，排净液缸体内的空气，方可进行切筋。

14. 手动液压式切断机使用前，应将放油阀按顺时针方向旋紧，切割完毕后，应立即按逆时针方向旋松。作业中，手应持稳切断机，并戴好绝缘手套。

15. 作业后，应切断电源，用钢刷清除切刀间的杂物，进行整机清洁润滑。

16. 作业后，应堆放好成品，清理场地，切断电源，锁好开关箱。

22. 钢筋弯曲机安全操作规程牌

钢筋弯曲机安全操作规程

1. 机械的安装应坚实稳固，保持水平位置。固定式机械应有可靠的基础；移动式机械作业时应楔紧行走轮。

2. 室外作业应设置机棚，机旁应有堆放原料、半成品的场地。

3. 加工较长的钢筋时，应有专人帮扶，并听从操作人员指挥，不得任意推拉。

4. 工作台和弯曲机台面应保持水平，作业前应准备好各种芯轴及工具。

5. 应按加工钢筋的直径和弯曲半径的要求，装好相应规格的芯轴和成型轴、挡铁轴。芯轴直径应为钢筋直径的2.5倍。挡铁轴应有轴套。

6. 挡铁轴的直径和强度不得小于被弯钢筋的直径和强度。不直的钢筋，不得在弯曲机上弯曲。

7. 应检查并确认芯轴、挡铁轴、转盘等无裂纹和损伤，防护罩坚固可靠，空载运转正常后，方可作业。

8. 作业时，应将钢筋需弯一端插入在转盘固定销的间隙内，另一端紧靠机身固定销，并用手压紧；应检查机身固定销并确认已安放在挡住钢筋的一侧，方可开动。

9. 作业中，严禁更换轴芯、销子和变换角度以及调速，也不得进行清扫和加油。

10. 对超过机械铭牌规定直径的钢筋严禁进行弯曲。在弯曲未经冷拉或带有锈皮的钢筋时，应戴防护镜。

11. 弯曲高强度或低合金钢筋时，应按机械铭牌规定换算最大允许直径并应调换相应的芯轴。

12. 在弯曲钢筋的作业半径内和机身不设固定销的一侧严禁站人。弯曲好的半成品，应堆放整齐，弯钩不得朝上。

13. 转盘换向时，应待停稳后进行。

14. 作业后，应及时清除转盘及插入座孔内的铁锈、杂物等。

15. 作业后，应堆放好成品，清理场地，切断电源，锁好开关箱，做好润滑工作。

23. 钢筋冷拔机安全操作规程牌

钢筋冷拔机安全操作规程

1. 机械的安装应坚实稳固，保持水平位置。固定式机械应有可靠的基础；移动式机械作业时应楔紧行走轮。

2. 室外作业应设置机棚，机旁应有堆放原料、半成品的场地。

3. 加工较长的钢筋时，应有专人帮扶，并听从操作人员指挥，不得任意推拉。

4. 应检查并确认机械各连接件牢固，模具无裂纹，轧头和模具的规格配套，然后启动主机空运转，确认正常后，方可作业。

5. 在冷拔钢筋时,每道工序的冷拔直径应按机械出厂说明书规定进行,不得超量缩减模具孔径,无资料时,可按每次缩减孔径0.5～1.0mm。

6. 轧头时，应先使钢筋的一端穿过模具长度达100～150mm，再用夹具夹牢。

7. 作业时，操作人员的手和轧辊应保持300～500mm的距离。不得用手直接接触钢筋和滚筒。

8. 冷拔模架中应随时加足润滑剂，润滑剂应采用石灰和肥皂水调和晒干后的粉末。钢筋通过冷拔模前，应抹少量润滑脂。

9. 当钢筋的末端通过冷拔模后，应立即脱开离合器，同时用手闸挡住钢筋末端。

10. 拔丝过程中，当出现断丝或钢筋打结乱盘时，应立即停机；在处理完毕后，方可开机。

11. 作业后，应堆放好成品，清理场地，切断电源，锁好开关箱，做好润滑工作。

24. 钢筋冷镦机安全操作规程牌

钢筋冷镦机安全操作规程

1. 机械的安装应坚实稳固，保持水平位置。固定式机械应有可靠的基础；移动式机械作业时应楔紧行走轮。

2. 室外作业应设置机棚，机旁应有堆放原料、半成品的场地。

3. 加工较长的钢筋时，应有专人帮扶，并听从操作人员指挥，不得任意推拉。

4. 应根据钢筋直径，配换相应夹具。

5. 应检查并确认模具、中心冲头无裂纹，并应校正上下模具与中心冲头的同心度，坚固各部螺栓，做好安全防护。

6. 启动后应先空运转，调整上下模具紧度，对准冲头模进行镦头校对，确认正常后，方可作业。

7. 机械未达到正常转速时，不得镦头。当镦出的头大小不匀时，应及时调整冲头与夹具的间隙。冲头导向块应保持有足够的润滑。

8. 作业后，应堆放好成品，清理场地，切断电源，锁好开关箱，做好润滑工作。

25. 钢筋冷拉机安全操作规程牌

钢筋冷拉机安全操作规程

1. 机械的安装应坚实稳固，保持水平位置。固定式机械应有可靠的基础；移动式机械作业时应楔紧行走轮。

2. 室外作业应设置机棚，机旁应有堆放原料、半成品的场地。

3. 应根据冷拉钢筋的直径，合理选用卷扬机。卷扬钢丝绳应经封闭式导向滑轮并和被拉钢筋水平方向成直角。卷扬机的位置应使操作人员能见到全部冷拉场地，卷扬机与冷拉中线不得少于5m。

4. 冷拉场地应在两端地锚外侧设置警戒区，并应安装防护栏及警告标志。无关人员不得在此停留。操作人员在作业时必须离开钢筋2m以外。

5. 用配重控制的设备应与滑轮匹配，并应有指示起落的记号，没有指示记号时应有专人指挥。配重框提起时高度应限制在离地面300mm以内，配重架四周应有栏杆及警告标志。

6. 作业前，应检查冷拉夹具，夹齿应完好，滑轮、拖拉小车应润滑灵活，拉钩、地锚及防护装置均应齐全牢固。确认良好后，方可作业。

7. 卷扬机操作人员必须看到指挥人员发出信号，并待所有人员离开危险区后方可作业。冷拉应缓慢、均匀。当有停车信号或见到有人进入危险区时，应立即停拉，并稍稍放松卷扬钢丝绳。

8. 用延伸率控制的装置，应装设明显的限位标志，并应有专人负责指挥。

9. 夜间作业的照明设施，应装设在张拉危险区外。当需要装设在场地上空时，其高度应超过5m。灯泡应加防护罩，导线严禁采用裸线。

10. 作业后，应放松卷扬钢丝绳，落下配重，切断电源，锁好开关箱。

11. 作业后，应堆放好成品，清理场地，切断电源，锁好开关箱，做好润滑工作。

26. 预应力钢丝拉伸设备安全操作规程牌

预应力钢丝拉伸设备安全操作规程

1. 机械的安装应坚实稳固，保持水平位置。固定式机械应有可靠的基础；移动式机械作业时应揳紧行走轮。

2. 室外作业应设置机棚，机旁应有堆放原料、半成品的场地。

3. 作业场地两端外侧应设有防护栏杆和警告标志。

4. 作业前，应检查被拉钢丝两端的镦头，当有裂纹或损伤时，应及时更换。

5. 固定钢丝镦头的端钢板上圆孔直径应较所拉钢丝的直径大0.2mm。

6. 高压油泵启动前，应将各油路调节阀松开，然后开动油泵，待空载运转正常后，再紧闭回油阀，逐渐拧开进油阀，待压力表指示值达到要求，油路无泄漏，确认正常后，方可作业。

7. 作业中，操作应平稳、均匀。张拉时，两端不得站人。拉伸机在有压力的情况下，严禁拆卸液压系统的任何零件。

8. 高压油泵不得超载作业。安全阀应按设备额定油压调整，严禁任意调整。

9. 在测量钢丝的伸长时，应先停止拉伸，操作人员必须站在侧面操作。

10. 用电热张拉法带电操作时，应穿戴绝缘胶鞋和绝缘手套。

11. 张拉时，不得用手摸或脚踩钢丝。

12. 高压油泵停止作业时，应先断开电源，再将回油阀缓慢松开，待压力表退回至零位时，方可卸开通往千斤顶的油管接头，使千斤顶全部卸荷。

13. 作业后，应堆放好成品，清理场地，切断电源，锁好开关箱，做好润滑工作。

27. 钢筋冷挤压连接机安全操作规程牌

钢筋冷挤压连接机
安全操作规程

1. 机械的安装应坚实稳固，保持水平位置。固定式机械应有可靠的基础；移动式机械作业时应楔紧行走轮。

2. 室外作业应设置机棚，机旁应有堆放原料、半成品的场地。

3. 加工较长的钢筋时，应有专人帮扶，并听从操作人员指挥，不得任意推拉。

4. 有下列情况之一时，应对挤压机的挤压力进行标定：

1）新挤压设备使用前；

2）旧挤压设备大修后；

3）油压表受损或强烈振动后；

4）套筒压痕异常且查不出其他原因时；

5）挤压设备使用超过一年；

6）挤压的接头数超过5000个。

5. 设备使用前后的拆装过程中，超高压油管两端的接头及压接钳、换向阀的进出油接头应保持清洁，并应及时用专用防尘帽封好。超高压油管的弯曲半径不得小于250mm，扣压接头处不得扭转，且不得有死弯。

6. 挤压机液压系统的使用，应符合《建筑机械使用安全技术规程》(JGJ 33—2001) 附录C的有关规定；高压胶管不得荷重拖拉、弯折和受到尖利物刻划。

7. 压模、套筒与钢筋应相互配套使用，压模上应有相对应的连接钢筋规格标记。

8. 挤压前的准备工作应符合下列要求：

1）钢筋端头的锈、泥沙、油污等杂物应清理干净；

2）钢筋与套筒应先进行试套，当钢筋有马蹄、弯折或纵肋尺寸过大时，应预先进行矫正或用砂轮打磨；不同直径钢筋的套筒不得串用；

3）钢筋端部应划出定位标记与检查标记，定位标记与钢筋端头的距离应为套筒长度的一半，检查标记与定位标记的距离宜为20mm；

4）检查挤压设备情况，应进行试压，符合要求后方可作业。

9. 挤压操作应符合下列要求：

1）钢筋挤压连接宜先在地面上挤压一端套筒，在施工作业区插入待接钢筋后再挤压另一端套筒；

2）压接钳就位时，应对准套筒压痕位置的标记，并应与钢筋轴线保持垂直；

3）挤压顺序宜从套筒中部开始，并逐渐向端部挤压；

4）挤压作业人员不得随意改变挤压力、压接道数或挤压顺序。

10. 作业后，应收拾好成品、套筒和压模，清理场地，切断电源，锁好开关箱，最后将挤压机和挤压钳放到指定地点。

28. 灰浆搅拌机安全操作规程牌

灰浆搅拌机安全操作规程

1. 固定式搅拌机应有牢靠的基础，移动式搅拌机应采用方木或撑架固定，并保持水平。

2. 作业前应检查并确认传动机构、工作装置、防护装置等牢固可靠，三角胶带松紧度适当，搅拌叶片和筒壁间隙在3～5mm之间，搅拌轴两端密封良好。

3. 启动后，应先空运转，检查搅拌叶旋转方向正确，方可加料加水，进行搅拌作业。加入的砂子应过筛。

4. 运转中，严禁用手或木棒等伸进搅拌筒内，或在筒口清理灰浆。

5. 作业中，当发生故障不能继续搅拌时，应立即切断电源，将筒内灰浆倒出，排除故障后方可使用。

6. 固定式搅拌机的上料斗应能在轨道上移动。料斗提升时，严禁斗下有人。

7. 作业后，应清除机械内外砂浆和积料，用水清洗干净。

8. 灰浆机外露的传动部分应有防护罩，作业时，不得随意拆卸。

9. 灰浆机应安装在防雨、防风沙的机棚内。

10. 长期搁置再用的机械，使用前除必要的机械部分维修保养外，必须测量电动机的绝缘电阻，合格后方可使用。

29. 柱塞式、隔膜式灰浆机安全操作规程牌

柱塞式、隔膜式灰浆机安全操作规程

1. 灰浆机的工作机构应保证强度和精度及完好状态，安装稳妥，坚固可靠。

2. 灰浆机外露传动部分应有防护罩，作业时，不得随意拆卸。

3. 灰浆泵应安装平稳。输送管路的布置宜短直、少弯头；全部输送管道接头应紧密连接，不得渗漏；垂直管道应固定牢固；管道上不得加压或悬挂重物。

4. 作业前应检查并确认球阀完好，泵内无干硬灰浆等物，各连接件坚固牢靠，安全阀已调整到预定的安全压力。

5. 泵送前，应先用水进行泵送试验，检查并确认各部位无渗漏。当有渗漏时，应先排除。

6. 被输送的灰浆应搅拌均匀，不得有干砂和硬块；不得混入石子或其他杂物；灰浆稠度应为80～120mm。

7. 泵送时，应先开机后加料；应先用泵压送适量石灰膏润滑输送管道，然后再加入稀灰浆，最后调整到所需稠度。

8. 泵送过程应随时观察压力表的泵送压力，当泵送压力超过预调的1.5MPa时，应反向泵送，使管道内部分灰浆返回料斗，再缓慢泵送；当无效时，应停机卸压检查，不得强行泵送。

9. 泵送过程不宜停机。当短时间内不需泵送时，可打开回浆阀使

灰浆在泵体内循环运行。当停泵时间较长时，应每隔 3～5min 泵送一次，泵送时间宜为 0.5min，应防灰浆凝固。

10. 故障停机时，应打开泄浆阀使压力下降，然后排除故障。灰浆泵压力未达到零时，不得拆卸空气室、安全阀和管道。

11. 作业后，应采用石灰膏或浓石灰水把输送管道里的灰浆全部泵出，再用清水将泵和输送管道清洗干净。

12. 灰浆机械应安装在防雨、防风沙的机棚内。

13. 长期搁置再用的机械，在使用前除必要的机械部分维修保养外，必须测量电动机绝缘电阻，合格后方可使用。

30. 挤压式灰浆泵安全操作规程牌

挤压式灰浆泵安全操作规程

1. 使用前，应先接好输送管道，往料斗加注清水，启动灰浆泵，当输送胶管出水时，应折起胶管，待升到额定压力时停泵，观察各部位应无渗漏现象。

2. 作业前，应先用水、再用白灰膏润滑输送管道后，方可加入灰浆，开始泵送。

3. 料斗加满灰浆后，应停止振动，待灰浆从料斗泵送完时，再加新灰浆振动筛料。

4. 泵送过程应注意观察压力表。当压力迅速上升，有堵管现象时，应反转泵送2～3转，使灰浆返回料斗，经搅拌后再泵送。当多次正反泵仍不能畅通时，应停机检查，排除堵塞。

5. 工作间歇时，应先停止送灰，后停止送气，并应防气嘴被灰堵塞。

6. 作业后，应将泵机和管路系统全部清洗干净。

7. 灰浆机外露的传动部分应有防护罩。作业时，不得随意拆卸。

8. 灰浆机械应安装在防雨、防风沙的机棚内。

9. 长期搁置再用的机械，在使用前除必要的机械部分维修保养外，必须测量电动机绝缘电阻，合格后方可使用。

31. 喷浆机安全操作规程牌

喷浆机安全操作规程

1. 石灰浆的密度应为1.06～1.10g/cm^3。

2. 喷涂前，应对石灰浆采用60目筛网过滤两遍。

3. 喷嘴孔径宜为2.0～2.8mm；当孔径大于2.8mm时，应及时更换。

4. 泵体内不得无液体干转。在检查电动机旋转方向时，应先打开料桶开关，让石灰浆流入泵体内部后，再开动电动机带泵旋转。

5. 作业后，应往料斗注入清水，开泵清洗直到水清为止，再倒出泵内积水，清洗疏通喷头座及滤网，并将喷枪擦洗干净。

6. 长期存放前，应清除前、后轴承座内的石灰浆积料，堵塞进浆口，从出浆口注入机油约50mL；再堵塞出浆口，开机运转约30s，使泵体内润滑防锈。

7. 喷浆机械上外露的传动部分应有防护罩，作业时，不得随意拆卸。

8. 喷浆机械应安装在防雨、防风沙的机棚内。

9. 长期搁置再用的机械，在使用前除必要的机械部分维修保养外，必须测量电动机绝缘电阻，合格后方可使用。

32. 高压无气喷涂机安全操作规程牌

高压无气喷涂机
安全操作规程

1. 启动前，调压阀、卸压阀应处于开启状态，吸入软管、回路软管接头和压力表、高压软管及喷枪等均应连接牢固。

2. 喷涂燃点在21℃以下的易燃涂料时，必须接好地线，地线的一端接电动机零线位置，另一端应接涂料桶或被喷的金属物体。喷涂机不得和被喷物放在同一房间里，周围严禁有明火。

3. 作业前，应先空载运转，然后用水或溶剂进行运转检查。确认运转正常后，方可作业。

4. 喷涂中，当喷枪堵塞时，应先将枪关闭，使喷嘴手柄旋转180°，再打开喷枪用压力涂料排除堵塞物，当堵塞严重时，应停机卸压后，拆下喷嘴，排除堵塞。

5. 不得用手指试高压射流，射流严禁正对其他人员。喷涂间隙时，应随手关闭喷枪安全装置。

6. 高压软管的弯曲半径不得小于250mm，亦不得在尖锐的物体上用脚踩高压软管。

7. 作业中，当停歇时间较长时，应停机卸压，将喷枪的喷嘴部位放入溶剂内。

8. 作业后，应彻底清洗喷枪。清洗时不得将溶剂喷回小口径的溶剂桶内。应防止产生静电火花引起着火。

9. 高压无气喷涂机外露的传动部分应有防护罩，作业时，不得随意拆卸。

10. 高压无气喷涂机械应安装在防雨、防风沙的机棚内。

11. 长期搁置再用的机械，在使用前除必要的机械部分维修保养外，必须测量电动机绝缘电阻，合格后方可使用。

水磨石机安全操作规程

1. 水磨石机宜在混凝土达到设计强度70%～80%时进行磨削作业。

2. 作业前，应检查并确认各连接件紧固，当用木槌轻击磨石发出无裂纹的清脆声音时，方可作业。

3. 电缆线应离地架设，不得放在地面上拖动。电缆线应无破损，保护接地良好。

4. 在接通电源、水源后，应手压扶把使磨盘离开地面，再启动电动机。并应检查确认磨盘旋转方向与箭头所示方向一致，待运转正常后，再缓慢放下磨盘，进行作业。

5. 作业中，使用的冷却水不得间断，用水量宜调至工作面不发干。

6. 作业中，当发现磨盘跳动或异响，应立即停机检修。停机时，应先提升磨盘后关机。

7. 更换新磨石后，应先在废水磨石地坪上或废水泥制品表面磨1～2h，待金刚石切削刃磨出后，再投入工作面作业。

8. 作业后，应切断电源，清洗各部位的泥浆，放置在干燥处，用防雨布遮盖。

9. 长期搁置再用的机械，在使用前除必要的机械维修和保养外，必须测量电动机的绝缘电阻，合格后方可使用。

34. 角向磨光机安全操作规程牌

角向磨光机安全操作规程

1. 作业前的检查应符合下列要求：

1）外壳、手柄不出现裂缝、破损；

2）电缆软线及插头等完好无损，开关动作正常，保护接零连接正确、牢固、可靠；

3）各部防护罩齐全牢固，电气保护装置可靠。

2. 机具启动后，应空载运转，应检查并确认机具联动灵活无阻。作业时，加力应平稳，不得用力过猛。

3. 使用砂轮的机具，应检查砂轮与接盘间的软垫并安装稳固，螺帽不得过紧，凡受潮、变形、裂纹、破碎、磕边缺口或接触过油、碱类的砂轮均不得使用，并不得将受潮的砂轮片自行烘干使用。

4. 砂轮应选用增强纤维树脂型，其安全线速度不得小于80m/s。配用的电缆与插头应具有加强绝缘性能，并不得任意更换。

5. 磨削作业时，应使砂轮与工作面保持15°～30°的倾斜位置；切削作业时，砂轮不得倾斜，并不得横向摆动。

6. 严禁超载使用。作业中应注意声响及温升，发现异常应立即停机检查。在作业时间过长、机具温升超过60℃时，应停机，自然冷却后再行作业。

7. 作业中，不得用手触摸刃具、模具和砂轮，发现其有磨钝、破损情况时，应立即停机修整或更换，然后再继续进行作业。

8. 机具转动时，不得撒手不管。

35. 瓷片切割机安全操作规程牌

瓷片切割机安全操作规程

1. 作业前的检查应符合下列要求：

1）外壳、手柄不出现裂缝、破损；

2）电缆软线及插头等完好无损，开关动作正常，保护接零连接正确、牢固、可靠；

3）各部防护罩齐全牢固，电气保护装置可靠。

2. 机具启动后，应空载运转，应检查并确认机具联动灵活无阻。作业时，加力应平稳，不得用力过猛。

1）作业时应防止杂物、泥尘混入电动机内，并应随时观察机壳温度，当机壳温度过高及产生炭刷火花时，应立即停机检查处理；

2）切割过程中用力应均匀适当，推进刀片时不得用力过猛。当发生刀片卡死时，应立即停机，慢慢退出刀片，应在重新对正后方可再切割。

3. 严禁超载使用。作业中应注意声响及温升，发现异常应立即停机检查。在作业时间过长、机具温升超过60℃时，应停机，自然冷却后再行作业。

4. 作业中，不得用手触摸刃具、模具和砂轮，发现其有磨钝、破损情况时，应立即停机修整或更换，然后再继续进行作业。

5. 机具转动时，不得撒手不管。

36. 磨光机作业安全操作规程牌

磨光机作业安全操作规程

1. 装设有气力除尘装置的木工机械，作业前应先启动排尘风机，经常保持排尘管道不变形、不漏风。

2. 作业前，应调整砂筒上砂带的张紧程度，润滑各轴承和紧固连接件，确认正常后，方可启动。

3. 鼓式磨光机进料时，工件中心轴线应与进料方向成10°～15°。

4. 鼓式磨光机的三个砂筒应调整至高出工作台面，各为：一筒高出0.2～0.5mm，二筒高出0.5～0.8mm，三筒高出0.8～1.0mm。下进料辊应高出台面0.3～0.5mm，并与上进料辊轴平行。

5. 磨削小面积工件时应尽量在台面整个宽度内排满工作，磨削时应渐次连续进给。

6. 用砂带磨光机磨光时，对压垫的压力要均匀，砂带纵向移动时应和工作台横向移动，互相配合。

7. 作业后，切断电源，锁好闸箱，进行擦拭、润滑，清除木屑、刨花。

37. 混凝土切割机安全操作规程牌

混凝土切割机安全操作规程

1. 切割机机械上的工作机构应保证状态、性能正常，安装稳妥，紧固可靠。

2. 使用前，应检查并确认电动机、电缆线均正常，保护接地良好，防护装置安全有效，锯片选用符合要求，安装正确。

3. 启动后，应空载运转，检查并确认锯片运转方向正确，升降机构灵活，运转中无异常、异响，一切正常后，方可作业。

4. 操作人员应双手按紧工件，均匀送料，在推进切割机时，不得用力过猛。操作时不得带手套。

5. 切割厚度应按机械出厂铭牌规定进行，不得超厚切割。

6. 加工件送到与锯片相距300mm处或切割小块料时，应使用专用工具送料，不得直接用手推料。

7. 作业中，当工件发生冲击、跳动及异常音响时，应立即停机检查，排除故障后，方可继续作业。

8. 严禁在运转中检查、维修各部件。锯台上和构件锯缝中的碎屑应采用专用工具及时清除，不得用手拣拾或抹拭。

9. 作业后，应清洗机身，擦干锯片，排放水箱余水，收回电缆线，并存放在干燥、通风处。

10. 长期搁置再用的机械，在使用前除必要的机械维修和保养外，必须测量电动机绝缘电阻，合格后方可使用。

38. 咬口机安全操作规程牌

咬口机安全操作规程

1. 钣金和管工机械上的电源电动机，手持电动工具及液压装置的使用应执行《建筑机械使用安全技术规程》(JGJ 33—2001) 第 3.1 节、第 3.4 节、第 3.8 节及附录 C 的规定。

2. 钣金和管工机械上刃具，胎、模具等强度和精度应符合要求，刃磨锋利，安装稳固，紧固可靠。

3. 钣金和管工机械上的传动部分应设有防护罩，作业时，严禁拆卸。机械均应安装在机棚内。

4. 作业时，非操作和辅助人员不得在机械四周停留观看。

5. 应先空载运转，确认正常后，方可作业。

6. 工件长度、宽度不得超过机具允许范围。

7. 作业中，当有异物进入辊轮中时，应及时停机修理。

8. 严禁用手触摸转动中的辊轮。用手送料到末端时，手指必须离开工件。

9. 作业后，应切断电源，锁好电闸箱，并做好日常保养工作。

39. 法兰卷圆机安全操作规程牌

法兰卷圆机安全操作规程

1. 法兰卷圆机械上液压装置的使用应执行《建筑机械使用安全技术规程》(JGJ 33—2001) 第3.1节、第3.4节、第3.8节及附录C的规定。

2. 法兰卷圆机械上的模具强度和精度应符合要求，刃磨锋利，安装稳固，紧固可靠。

3. 法兰卷圆机械上的传动部分应设有防护罩，作业时，严禁拆卸。机械均应安装在机棚内。

4. 加工型钢规格不应超过机具的允许范围。

5. 应先空载运转，确认正常后，方可作业。

6. 当轧制的法兰不能进入第二道型辊时，应使用专用工具送入。严禁用手直接推送。

7. 当加工法兰直径超过1000mm时，应采取适当的安全措施。

8. 任何人不得靠近法兰尾端。

9. 作业时，非操作和辅助人员不得在机械四周停留观看。

10. 作业后，应切断电源，锁好电闸箱，并做好日常保养工作。

40. 圆盘下料机安全操作规程牌

圆盘下料机安全操作规程

1. 圆盘下料机械上的电源电动机，手持电动工具及液压装置的使用应执行《建筑机械使用安全技术规程》（JGJ 33—2001）第 3.1 节、第 3.4 节、第 3.8 节及附录 C 的规定。

2. 圆盘下料机械上的刃具，强度和精度应符合要求，刃磨锋利，安装稳固，紧固可靠。

3. 圆盘下料机械上的传动部分应设有防护罩，作业时，严禁拆卸。机械均应安装在机棚内。

4. 作业时，非操作和辅助人员不得在机械四周停留观看。

5. 圆盘下料机下料的直径、厚度等不得超过机械出厂铭牌规定，下料前应先将整板切割成方块料，在机旁堆放整齐。

6. 下料机应安装在稳固的基础上。

7. 作业前，应检查并确认各传动部件连接牢固可靠，先空运转，确认正常后，方可开始作业。

8. 当作业开始需对上、下刀刃时，应先手动盘车，将上下刀刃的间隙调整为板厚的 1.2 倍，再开机试切。应经多次调整到被切的圆形板无毛刺时，方可批量下料。

9. 作业后，应对下料机进行清洁保养工作，并应清除边角料，保持现场整洁。

10. 作业后，应切断电源，锁好电闸箱，并做好日常保养工作。

41. 折板机安全操作规程牌

折板机安全操作规程

1. 折板机机械上的电源电动机及液压装置的使用应执行《建筑机械使用安全技术规程》(JGJ 33—2001)第3.1节、第3.4节、第3.8节及附录C的规定。

2. 折板机机械上的模具等强度和精度应符合要求，刃磨锋利，安装稳固，紧固可靠。

3. 折板机机械上的传动部分应设有防护罩，作业时，严禁拆卸。机械均应安装在机棚内。

4. 折板机应安装在稳固的基础上。

5. 作业前，应检查电气设备、液压装置及各紧固件，确认完好后，方可开机。

6. 作业时，应先校对模具，预留被折板厚的1.5～2倍间隙，经试折后，检查机械和模具装备均无误，再调整到折板规定的间隙，方可正式作业。

7. 作业中，应经常检查上模具的紧固件和液压缸，当发现有松动或泄漏等情况，应立即停机，处理后，方可继续作业。

8. 批量生产时，应使用后标尺挡板进行对准和调整尺寸，并应空载运转，检查及确认其摆动灵活可靠。

9. 作业时，非操作和辅助人员不得在机械四周停留观看。

10. 作业后，应切断电源，锁好电闸箱，并做好日常保养工作。

42. 套丝切管机安全操作规程牌

套丝切管机安全操作规程

1. 套丝切管机械上的电源电动机、手持电动工具及液压装置的使用应执行《建筑机械使用安全技术规程》（JGJ 33—2001）第3.1节、第3.4节、第3.8节及附录C的规定。

2. 套丝切管机械上的刃具，胎、模具等强度和精度应符合要求，刃磨锋利，安装稳固，紧固可靠。

3. 套丝切管机械上的传动部分应设有防护罩，作业时，严禁拆卸。机械均应安装在机棚内。

4. 套丝切管机应安放在稳固的基础上。

5. 应先空载运转，进行检查、调整，确认运转正常，方可作业。

6. 应按加工管径选用板牙头和板牙，板牙应按顺序放入，作业时应采用润滑油润滑板牙。

7. 当工件伸出卡盘端面的长度过长时，后部应加装辅助托架，并调整好高度。

8. 切断作业时，不得在旋转手柄上加长力臂；切平管端时，不得进刀过快。

9. 当加工件的管径或椭圆度较大时，应两次进刀。

10. 作业中应采用刷子清除切屑，不得敲打震落。

11. 作业时，非操作和辅助人员不得在机械四周停留观看。

12. 作业后，应切断电源，锁好电闸箱，并做好日常保养工作。

43. 弯管机安全操作规程牌

弯管机安全操作规程

1. 弯管机械上的电源电动机，手持液压装置的使用应执行《建筑机械使用安全技术规程》（JGJ 33—2001）第3.1节、第3.4节、第3.8节及附录C规定。

2. 弯管机械上的刃具，胎、模具等强度和精度应符合要求，刃磨锋利，安装稳固，紧固可靠。

3. 弯管机械上的传动部分应设有防护罩，作业时，严禁拆卸。机械均应安装在机棚内。

4. 作业场所应设置围栏。

5. 作业前，应先空载运转，确认正常后，再套模弯管。

6. 应按加工管径选用管模，并应按顺序放好。

7. 不得在管子和管模之间加油。

8. 应夹紧机件，导板支承机构应按弯管的方向及时进行换向。

9. 作业时，非操作和辅助人员不得在机械四周停留观看。

10. 作业后，应切断电源，锁好电闸箱，并做好日常保养工作。

44. 坡口机安全操作规程牌

坡口机安全操作规程

1. 坡口机械上的电源电动机，液压装置的使用应执行《建筑机械使用安全技术规程》（JGJ 33—2001）第3.1节、第3.4节、第3.8节及附录C的规定。

2. 坡口机机械上的刃具，胎、模具等强度和精度应符合要求，刃磨锋利，安装稳固，紧固可靠。

3. 坡口机机械上的传动部分应设有防护罩，作业时，严禁拆卸。机械均应安装在机棚内。

4. 应先空载运转，确认正常后，方可作业。

5. 刀排、刀具应稳定牢固。

6. 当管子过长时，应加装辅助托架。

7. 作业中，不得俯身近视工件。严禁用手摸坡口及擦拭铁屑。

8. 作业时，非操作和辅助人员不得在机械四周停留观看。

9. 作业后，应切断电源，锁好电闸箱，并做好日常保养工作。

45. 铆焊设备安全操作规程牌

铆焊设备安全操作规程

1. 铆焊设备上的电器、内燃机、电机、空气压缩机等的使用应执行《建筑机械使用安全技术规程》（JGJ 33—2001）第 3.1 节，第 3.2 节，第 3.4 节，第 3.5 节的规定。并应有完整的防护外壳，一、二次接线柱处应有保护罩。

2. 焊接操作及配合人员必须按规定穿戴劳动防护用品。并必须采取防止触电、高空坠落、瓦斯中毒和火灾等事故的安全措施。

3. 现场使用的电焊机，应设有防雨、防潮、防晒的机棚，并应装设相应的消防器材。

4. 施焊现场 10m 范围内，不得堆放油类、木材、氧气瓶、乙炔发生器等易燃、易爆物品。

5. 当长期停用的电焊机恢复使用时，其绝缘电阻不得小于 0.5MΩ，接线部分不得有腐蚀和受潮现象。

6. 电焊机导线应具有良好的绝缘，绝缘电阻不得小于 1MΩ，不得将电焊机导线放在高温物体附近。电焊机导线和接地线不得搭在易燃、易爆和带有热源的物品上，接地线不得接在管道、机械设备和建筑物金属构架或轨道上，接地电阻不得大于 4Ω。严禁利用建筑的金属结构、管道、轨道或其他金属物体搭接起来形成焊接回路。

7. 电焊钳应有良好的绝缘和隔热能力。电焊钳握柄必须绝缘良好，握柄与导线连接应牢靠，接触良好，连接处应采用绝缘布包好并不得外露。操作人员不得用胳膊夹持电焊钳。

8. 电焊导线长度不宜大于30m。当需要加长导线时，应相应增加导线的截面。当导线通过道路时，必须架高或穿入防护管内埋设在地下；当通过轨道时，必须从轨道下面通过。当导线绝缘受损或断股时，应立即更换。

9. 对承压状态的压力容器及管道、带电设备、承载结构的受力部位和装有易燃、易爆物品的容器严禁进行焊接和切割。

10. 焊接铜、铝、锌、锡等有色金属时，应通风良好，焊接人员应戴防毒面罩、呼吸滤清器或采取其他防毒措施。

11. 当需施焊受压容器、密封容器、油桶、管道、沾有可燃气体和溶液的工件时，应先消除容器及管道内压力，消除可燃气体和溶液，然后冲洗有毒、有害、易燃物质；对存有残余油脂的容器，应先用蒸汽、碱水冲洗，并打开盖口，确认容器清洗干净后，再灌满清水方可进行焊接。在容器内焊接应采取防止触电、中毒和窒息的措施。焊、割密封容器应留出气孔，必要时在进、出气口处装设通风设备；容器内照明电压不得超过12V，焊工与焊件间应绝缘；容器外应设专人监护。严禁在已喷涂过油漆和塑料的容器内焊接。

12. 当焊接预热焊件温度达150～700℃时，应设挡板隔离焊件发出的辐射热，焊接人员应穿戴隔热的石棉服装和鞋、帽等。

13. 高空焊接或切割时，必须系好安全带，焊接周围和下方应采取防火措施，并应有专人监护。

14. 雨天不得在露天电焊。在潮湿地带作业时，操作人员应站在铺有绝缘物品的地方，并应穿绝缘鞋。

15. 应按电焊机额定焊接电流和暂载率操作，严禁过载。在载荷运行中，应经常检查电焊机的温升，当温升超过A级60℃、B级80℃时，必须停止运转并采取降温措施。

16. 当清除焊缝焊渣时，应戴防护眼镜，头部应避开敲击焊渣飞溅方向。

46. 风动铆接工具安全操作规程牌

风动铆接工具安全操作规程

1. 风动铆接工具使用时风压应为 0.7MPa，最低不得小于 0.5MPa。

2. 各种规格风管的耐风压应为 0.8MPa 及以上，各种管接头应无泄漏。

3. 使用各类风动工具前，应先用汽油浸泡、拆检清洗每个部件呈金属光泽，再用干布、棉纱擦拭干净后，方可组装。组装时，运动部分均应滴入适量润滑油保持工作机构干净和润滑良好。

4. 风动铆钉枪使用前应先上好窝头，用铁丝将窝头沟槽在风枪口留出运动量后，并与风枪上的原铁丝连接绑扎牢固，方可使用。

5. 风动铆钉枪作业时，操作的两人应密切配合，明确手势及喊话。开始作业前，应至少做两次假动作试铆，确认无误后，方可开始作业。

6. 在作业中严禁随意开风门（放空枪）或铆冷钉。

7. 使用风钻时，应先用铣孔工具，根据原钉孔大小选配铣刀，其规格不得大于孔径。

8. 风钻钻孔时，钻头中心应与钻孔中心对正后方可开钻。

9. 加压杠钻孔时，作业的二人应密切配合，压杠人员应听从握钻人员的指挥，不得随意加压。

10. 风动工具使用完毕，应将工具清洗后干燥保管，各种风管及刃具均应盘好后入库保管，不得随意堆放。

47. 电动液压铆接钳安全操作规程牌

电动液压铆接钳安全操作规程

1. 铆焊设备上的电器、内燃机、电机、空气压缩机等的使用应执行《建筑机械使用安全技术规程》（JGJ 33—2001）第3.1节，第3.2节，第3.4节，第3.5节的规定。并应有完整的防护外壳，一、二次接线柱处应有保护罩。

2. 电焊钳应有良好的绝缘和隔热能力，电阻钳握柄必须绝缘良好，握柄与导线连接应牢靠，接触良好，连接处应采用绝缘布包好并不得外露。操作人员不得用胳膊夹持电焊钳。

3. 作业前，应检查并确认各部螺栓无松动，高压油泵转动方向正确。

4. 应先空载运转，确认正常后，方可作业。在空载情况下，不得开启液压开关。

5. 不得使用扭曲的高压油管。

6. 安装铆钉时，不得按动手柄的开关。

7. 应随时观察工作压力，工作压力不得超过额定值。

48. 交流电焊机安全操作规程牌

交流电焊机安全操作规程

1. 焊接操作及配合人员必须按规定穿戴劳动防护用品。并必须采取防止触电、高空坠落、瓦斯中毒和火灾等事故的安全措施。

2. 现场使用的电焊机，应设有防雨、防潮、防晒的机棚，并应装设相应的消防器材。

3. 高空焊接或切割时，必须系好安全带，焊接周围和下方应采取防火措施，并应有专人监护。

4. 当需施焊受压容器、密封容器、油桶、管道、沾有可燃气体和溶液的工件时，应先消除容器及管道内压力，消除可燃气体和溶液，然后冲洗有毒、有害、易燃物质；对存有残余油脂的容器，应先用蒸汽、碱水冲洗，并打开盖口，确认容器清洗干净后，再灌满清水方可进行焊接。在容器内焊接应采取防止触电、中毒和窒息的措施。焊、割密封容器内应留出气孔，必要时在进、出气口处装设通风设备；容器内照明电压不得超过12V，焊工与焊件间应绝缘；容器外应设专人监护。严禁在已喷涂过油漆和塑料的容器内焊接。

5. 对承压状态的压力容器及管道、带电设备、承载结构的受力部位和装有易燃、易爆物品的容器严禁进行焊接和切割。

6. 焊接铜、铝、锌、锡等有色金属时，应通风良好，焊接人员应戴防毒面罩、呼吸滤清器或采取其他防毒措施。

7. 当消除焊缝焊渣时，应戴防护眼镜，头部应避开敲击焊渣飞溅方向。

8. 雨天不得在露天电焊。在潮湿地带作业时，操作人员应站在铺有绝缘物品的地方，并应穿绝缘鞋。

9. 使用前，应检查并确认初、次级线接线正确，输入电压符合电焊机的铭牌规定。接通电源后，严禁接触初级线路的带电部分。

10. 次级抽头连接铜板应压紧，接线柱应有垫圈。合闸前，应详细检查接线螺帽、螺栓及其他部件并确认完好齐全、无松动或损坏。

11. 多台电焊机集中使用时，应分接在三相电源网络上，使三相负载平衡。多台焊机的接地装置，应分别由接地极处引接，不得串联。

12. 移动电焊机时，应切断电源，不得用拖拉电缆的方法移动焊机。当焊接中突然停电时，应立即切断电源。

49. 旋转式直流电焊机安全操作规程牌

旋转式直流电焊机安全操作规程

1. 新机使用前，应将换向器上的污物擦干净，换向器与电刷接触应良好。

2. 启动时，应检查并确认转子的旋转方向符合焊机标志的箭头方向。

3. 启动后，应检查电刷和换向器，当有大量火花时，应停机查明原因，排除故障后方可使用。

4. 当数台焊机在同一场地作业时，应逐台启动。

5. 运行中，当需调节焊接电流和极性开关时，不得在负荷时进行。调节不得过快、过猛。

6. 焊接操作及配合人员必须按规定穿戴劳动防护用品。并必须采取防止触电、高空坠落、瓦斯中毒和火灾等事故的安全措施。

7. 现场使用的电焊机，应设有防雨、防潮、防晒的机棚，并应装设相应的消防器材。

8. 高空焊接或切割时，必须系好安全带，焊接周围和下方应采取防火措施，并应有专人监护。

9. 当需施焊受压容器、密封容器、油桶、管道、沾有可燃气体和溶液的工件时，应先消除容器及管道内压力，消除可燃气体和溶液，然后冲洗有毒、有害、易燃物质；对存有残余油脂的容器，应先用蒸汽、碱水冲洗，并打开盖口，确认容器清洗干净后，再灌满清水方可进行焊接。在容器内焊接应采取防止触电、中毒和窒息的措施。焊、割密封容器应留出气孔，必要时在进、出气口处装设通风设备；容器内照明电压不得超过12V，焊工与焊件间应绝缘；容器外应设专人监护。严禁在已喷涂过油漆和塑料的容器内焊接。

10. 对承压状态的压力容器及管道、带电设备、承载结构的受力部位和装有易燃、易爆物品的容器，严禁进行焊接和切割。

11. 焊接铜、铝、锌、锡等有色金属时，应通风良好，焊接人员应戴防毒面罩、呼吸滤清器或采取其他防毒措施。

12. 当清除焊缝焊渣时，应戴防护眼镜，头部应避开敲击焊渣飞溅方向。

13. 雨天不得在露天电焊。在潮湿地带作业时，操作人员应站在铺有绝缘物品的地方，并应穿绝缘鞋。

50. 硅整流直流电焊机安全操作规程牌

硅整流直流电焊机
安全操作规程

1. 焊机应在出厂说明书要求的条件下作业。

2. 使用前，应检查并确认硅整流元件与散热片连接紧固，各接线端头紧固。

3. 使用时，应先开启风扇电机，电压表指示值应正常，风扇电机无异响。

4. 硅整流直流电焊机主变压器的次级线圈和控制变压器的次级线圈严禁用摇表测试。

5. 硅整流元件应进行保护和冷却。当发现整流元件损坏时，应查明原因，排除故障后，方可更换新件。

6. 整流元件和有关电子线路应保持清洁和干燥。启用长期停用的焊机时，应空载通电一定时间进行干燥处理。

7. 搬运由高导磁材料制成的磁放大铁芯时，应防止强烈震击引起磁能恶化。

8. 焊接操作及配合人员必须按规定穿戴劳动防护用品，并必须采取防止触电、高空坠落、瓦斯中毒和火灾等事故的安全措施。

9. 现场使用的电焊机，应设有防雨、防潮、防晒的机棚，并应装设相应的消防器材。

10. 高空焊接或切割时，必须系好安全带，焊接周围和下方应采取防火措施，并应有专人监护。

11. 当需施焊受压容器、密封容器、油桶、管道、沾有可燃气体和溶液的工件时，应先消除容器及管道内压力，消除可燃气体和溶液，然后冲洗有毒、有害、易燃物质；对存有残余油脂的容器，应先用蒸汽、碱水冲洗，并打开盖口，确认容器清洗干净后，再灌满清水方可进行焊接。在容器内焊接应采取防止触电、中毒和窒息的措施。焊、割密封容器应留出气孔，必要时在进、出气口处装设通风设备；容器内照明电压不得超过12V，焊工与焊件间应绝缘；容器外应设专人监护。严禁在已喷涂过油漆和塑料的容器内焊接。

12. 对承压状态的压力容器及管道、带电设备、承载结构的受力部位和装有易燃、易爆物品的容器，严禁进行焊接和切割。

13. 焊接铜、铝、锌、锡等有色金属时，应通风良好，焊接人员应戴防毒面罩、呼吸滤清器或采取其他防毒措施。

14. 当清除焊缝焊渣时，应戴防护眼镜，头部应避开敲击焊渣飞溅方向。

15. 雨天不得在露天电焊。在潮湿地带作业时，操作人员应站在铺有绝缘物品的地方，并应穿绝缘鞋。

16. 停机后，应清洁硅整流器及其他部件。

51. 氩弧焊机安全操作规程牌

氩弧焊机安全操作规程

1. 氩弧焊机的使用应执行《建筑机械使用安全技术规程》（JGJ 33—2001）第 12.1 节、第 12.3 节、第 12.4 节的规定。

2. 应检查并确认电源、电压符合要求，接地装置安全可靠。

3. 应检查并确认气管、水管不受外压和无外漏。

4. 应根据材质的性能、尺寸、形状先确定极性，再确定电压、电流和氩气的流量。

5. 安装的氩气减压阀、管接头不得沾有油脂。安装后，应进行试验并确认无障碍和漏气。

6. 冷却水应保持清洁，水冷型焊机在焊接过程中，冷却水的流量应正常，不得断水施焊。

7. 高频引弧的焊机，其高频防护装置应良好，亦可通过降低频率进行防护；不得发生短路，振荡器电源线路中的联锁开关严禁分接。

8. 使用氩弧焊时，操作者应戴防毒面罩，钍钨棒的打磨应设有抽风装置，贮存时宜放在铅盒内。钨极粗细应根据焊接厚度确定，更换钨极时，必须切断电源。磨削钨极端头时，操作人员必须戴手套和口罩，磨削下来的粉尘，应及时清除，钍、铈、钨极不得随身携带。

9. 焊机作业附近不宜装置有震动的其他机械设备，不得放置易燃、易爆物品。工作场所应有良好的通风措施。

10. 氮气瓶和氩气瓶与焊接地点不应靠得太近，并应直立固定放置，不得倒放。

11. 焊接操作及配合人员必须按规定穿戴劳动防护用品。并必须采取防止触电、高空坠落、瓦斯中毒和火灾等事故的安全措施。

12. 现场使用的电焊机，应设有防雨、防潮、防晒的机棚，并应装设相应的消防器材。

13. 高空焊接或切割时，必须系好安全带，焊接周围和下方应采取防火措施，并应有专人监护。

14. 当需施焊受压容器、密封容器、油桶、管道、沾有可燃气体和溶液的工件时，应先消除容器及管道内压力，消除可燃气体和溶液，然后冲洗有毒、有害、易燃物质；对存有残余油脂的容器，应先用蒸汽、碱水冲洗，并打开盖口，确认容器清洗干净后，再灌满清水方可进行焊接。在容器内焊接应采取防止触电、中毒和窒息的措施。焊、割密封容器应留出气孔，必要时在进、出气口处装设通风设备；容器内照明电压不得超过12V，焊工与焊件间应绝缘；容器外应设专人监护。严禁在已喷涂过油漆和塑料的容器内焊接。

15. 对承压状态的压力容器及管道、带电设备、承载结构的受力部位和装有易燃、易爆物品的容器严禁进行焊接和切割。

16. 焊接铜、铝、锌、锡等有色金属时，应通风良好，焊接人员应戴防毒面罩、呼吸滤清器或采取其他防毒措施。

17. 当清除焊缝焊渣时，应戴防护眼镜，头部应避开敲击焊渣飞溅方向。

18. 雨天不得在露天电焊。在潮湿地带作业时，操作人员应站在铺有绝缘物品的地方，并应穿绝缘鞋。

19. 作业后，应切断电源，关闭水源和气源。焊接人员必须及时脱去工作服、清洗手脸和外露的皮肤。

52. 二氧化碳气体保护焊安全操作规程牌

二氧化碳气体保护焊安全操作规程

1. 作业前，二氧化碳气体应先预热15min。开气时，操作人员必须站在瓶嘴的侧面。

2. 作业前，应检查并确认焊丝的进给机构、电线的连接部分、二氧化碳气体的供应系统及冷却水循环系统合乎要求，焊枪冷却水系统不得漏水。

3. 二氧化碳气体瓶宜放在阴凉处，其最高温度不得超过30℃，并应放置牢靠，不得靠近热源。

4. 二氧化碳气体预热器端的电压，不得大于36V，作业后，应切断电源。

5. 焊接操作及配合人员必须按规定穿戴劳动防护用品。并必须采取防止触电、高空坠落、瓦斯中毒和火灾等事故的安全措施。

6. 现场使用的电焊机，应设有防雨、防潮、防晒的机棚，并应装设相应的消防器材。

7. 高空焊接或切割时，必须系好安全带，焊接周围和下方应采取防火措施，并应有专人监护。

8. 当需施焊受压容器、密封容器、油桶、管道、沾有可燃气体和溶液的工作时，应先消除容器及管道内压力，消除可燃气体和溶液，然后冲洗有毒、有害、易燃物质；对存有残余油脂的容器，应先用蒸汽、碱水冲洗，并打开盖口，确认容器清洗干净后，再灌满清水方可进行焊接。在容器内焊接应采取防止触电、中毒和窒息的措施。焊、割密封容器应留出气孔，必要时在进、出气口处装设通风设备；容器内照明电压不得超过12V，焊工与焊件间应绝缘；容器外应设专人监护。严禁在已喷涂过油漆和塑料的容器内焊接。

9. 对承压状态的压力容器及管道、带电设备、承载结构的受力部位和装有易燃、易爆物品的容器严禁进行焊接和切割。

10. 焊接铜、铝、锌、锡等有色金属时，应通风良好，焊接人员应戴防毒面罩、呼吸滤清器或采取其他防毒措施。

11. 当消除焊缝焊渣时，应戴防护眼镜，头部应避开敲击焊渣飞溅方向。

12. 雨天不得在露天电焊。在潮湿地带作业时，操作人员应站在铺有绝缘物品的地方，并应穿绝缘鞋。

53. 等离子切割机安全操作规程牌

等离子切割机安全操作规程

1. 应检查并确认电源、气源、水源无漏电、漏气、漏水，接地或接零安全可靠。

2. 小车、工件应放在适当位置，并应使工件和切割电路正极接通，切割工作面下应设有熔渣坑。

3. 应根据工件材质、种类和厚度选定喷嘴孔径，调整切割电源、气体流量和电极的内缩量。

4. 自动切割小车应经空车运转，并选定切割速度。

5. 操作人员必须戴好防护面罩、电焊手套、帽子、滤膜防尘口罩和隔音耳罩。不戴防护镜的人员严禁直接观察等离子弧，裸露的皮肤严禁接近等离子弧。

6. 切割时，操作人员应站在上风处操作。可从工作台下部抽风，并宜缩小操作台上的敞开面积。

7. 切割时，当空载电压过高时，应检查电器接地、接零和割炬手把绝缘情况，应将工作台与地面绝缘，或在电气控制系统安装空载断路继电器。

8. 高频发生器应设有屏蔽护罩,用高频引弧后,应立即切断高频电路。

9. 使用钍、钨电极应符合《建筑机械使用安全技术规程》（JGJ 33—2001）第 12.7.8 条规定。

10. 切割操作及配合人员必须按规定穿戴劳动防护用品。并必须采取防止触电、高空坠落、瓦斯中毒和火灾等事故的安全措施。

11. 现场使用的电焊机，应设有防雨、防潮、防晒的机棚，并应装设相应的消防器材。

12. 高空焊接或切割时，必须系好安全带，焊接切割周围和下方应采取防火措施，并应有专人监护。

13. 当需施焊受压容器、密封容器、油桶、管道、沾有可燃气体和溶液的工件时，应先消除容器及管道内压力，消除可燃气体和溶液，然后冲洗有毒、有害、易燃物质；对存有残余油脂的容器，应先用蒸汽、碱水冲洗，并打开盖口，确认容器清洗干净后，再灌满清水方可进行焊接。在容器内焊割应采取防止触电、中毒和窒息的措施。焊、割密封容器应留出气孔，必要时在进、出气口处装设通风设备；容器内照明电压不得超过12V，焊工与焊件间应绝缘；容器外应设专人监护。严禁在已喷涂过油漆和塑料的容器内焊接。

14. 对承压状态的压力容器及管道、带电设备、承载结构的受力部位和装有易燃、易爆物品的容器严禁进行焊接和切割。

15. 雨天不得在露天电焊。在潮湿地带作业时，操作人员应站在铺有绝缘物品的地方，并应穿绝缘鞋。

16. 作业后，应切断电源，关闭气源和水源。

埋弧焊机安全操作规程

1. 作业前，应检查并确认各部分导线连接良好，控制箱的外壳和接线板上的罩壳盖好。

2. 应检查并确认送丝滚轮的沟槽及齿纹完好，滚轮、导电嘴（块）磨损或接触不良时应更换。

3. 作业前，应检查减速箱油槽中的润滑油，不足时应添加。

4. 软管式送丝机构的软管槽孔应保持清洁，并定期吹洗。

5. 作业时，应及时排走焊接中产生的有害气体，在通风不良的舱室或容器内作业时，应安装通风设备。

6. 焊接操作及配合人员必须按规定穿戴劳动防护用品。并必须采取防止触电、高空坠落、瓦斯中毒和火灾等事故的安全措施。

7. 现场使用的电焊机，应设有防雨、防潮、防晒的机棚，并应装设相应的消防器材。

8. 高空焊接或切割时，必须系好安全带，焊接周围和下方应采取防火措施，并应有专人监护。

9. 当需施焊受压容器、密封容器、油桶、管道、沾有可燃气体和溶液的工件时，应先消除容器及管道内压力，消除可燃气体和溶液，然后冲洗有毒、有害、易燃物质；对存有残余油脂的容器，应先用蒸汽、碱水冲洗，并打开盖口，确认容器清洗干净后，再灌满清水方可进行焊接。在容器内焊接应采取防止触电、中毒和窒息的措施。焊、割密封容器应留出气孔，必要时在进、出气口处装设通风设备；容器内照明电压不得超过12V，焊工与焊件间应绝缘；容器外应设专人监护。严禁在已喷涂过油漆和塑料的容器内焊接。

10. 对承压状态的压力容器及管道、带电设备、承载结构的受力部位和装有易燃、易爆物品的容器严禁进行焊接和切割。

11. 焊接铜、铝、锌、锡等有色金属时，应通风良好，焊接人员应戴防毒面罩、呼吸滤清器或采取其他防毒措施。

12. 当清除焊缝焊渣时，应戴防护眼镜，头部应避开敲击焊渣飞溅方向。

13. 雨天不得在露天电焊。在潮湿地带作业时，操作人员应站在铺有绝缘物品的地方，并应穿绝缘鞋。

55. 竖向钢筋电渣压力焊机安全操作规程牌

竖向钢筋电渣压力焊机安全操作规程

1. 应根据施焊钢筋直径选择具有足够输出电流的电焊机。电源电缆和控制电缆连接应正确、牢固。控制箱的外壳应牢靠接地。

2. 施焊前，应检查供电电压并确认正常，当一次电压降大于8%时，不宜焊接。焊接导线长度不得大于30mm，截面面积不得小于$50mm^2$。

3. 施焊前应检查并确认电源及控制电路正常，定时准确，误差不大于5%，机具的传动系统、夹装系统及焊钳的转动部分灵活自如，焊剂已干燥，所需附件齐全。

4. 施焊前，应按所焊钢筋的直径，根据参数表，标安好所需的电源和时间。一般情况下，时间（s）可为钢筋的直径数（mm），电流（A）可为钢筋直径的20倍数（mm）。

5. 起弧前，上、下钢筋应对齐，钢筋端头应接触良好。对锈蚀粘有水泥的钢筋，应采用钢丝刷清除，并保证导电良好。

6. 施焊过程中，应随时检查焊接质量，当发现倾斜、偏心、未熔合、有气孔等现象时，应重新施焊。

7. 每个接头焊完后，应停留5～6min保温，寒冷季节应适当延长。当拆下机具时，应扶住钢筋，过热的接头不得过于受力。焊渣应待完全冷却后清除。

8. 焊接操作及配合人员必须按规定穿戴劳动防护用品，并必须采取防止触电、高空坠落、瓦斯中毒和火灾等事故的安全措施。

9. 现场使用的电焊机，应设有防雨、防潮、防晒的机棚，并应装设相应的消防器材。

10. 高空焊接时，必须系好安全带，焊接周围和下方应采取防火措施，并应有专人监护。

11. 当清除焊缝焊渣时，应戴防护眼镜，头部应避开敲击焊渣飞溅方向。

12. 雨天不得在露天电焊。在潮湿地带作业时，操作人员应站在铺有绝缘物品的地方，并应穿绝缘鞋。

56. 对焊机安全操作规程牌

对焊机安全操作规程

1. 对焊机的使用应执行《建筑机械使用安全技术规程》(JGJ 33—2001) 第12.1节、第12.4节的规定。

2. 对焊机应安置在室内，并应有可靠的接地或接零。当多台对焊机并列安装时，相互间距不得小于3m，应分别接在不同相位的电网上，并应分别有各自的刀型开关。导线的截面不应小于下表的规定。

导线截面

对焊机的额定功率（kV·A）	25	50	75	100	150	200	500
一次电压为220V时导线截面（mm^2）	10	25	35	45	—	—	—
一次电压为380V时导线截面（mm^2）	6	16	25	35	50	70	150

3. 焊接前，应检查并确认对焊机的压力机构灵活，夹具牢固，气压、液压系统无泄漏，一切正常后，方可施焊。

4. 焊接前，应根据所焊接钢筋截面，调整二次电压，不得焊接超过对焊机规定直径的钢筋。

5. 断路器的接触点、电极应定期光磨，二次电路全部连接螺栓应定期紧固。冷却水温度不得超过40℃；排水量应根据温度调节。

6. 焊接较长钢筋时，应设置托架，配合搬运钢筋的操作人员，在焊接时应防止火花烫伤。

7. 闪光区应设挡板，与焊接无关的人员不得入内。

8. 焊接操作及配合人员必须按规定穿戴劳动防护用品，并必须采取防止触电、高空坠落、瓦斯中毒和火灾等事故的安全措施。

9. 现场使用的电焊机，应设有防雨、防潮、防晒的机棚，并应装设相应的消防器材。

10. 高空焊接或切割时，必须系好安全带，焊接周围和下方应采取防火措施，并应有专人监护。

11. 雨天不得在露天电焊。在潮湿地带作业时，操作人员应站在铺有绝缘物品的地方，并应穿绝缘鞋。

12. 冬季施焊时，室内温度不应低于8℃。作业后，应放尽机内冷却水。

57. 点焊机安全操作规程牌

点焊机安全操作规程

1. 作业前,应清除上、下两电极的油污。通电后,机体外壳应无漏电。

2. 启动前，应先接通控制线路的转向开关和焊接电流的小开关，调整好极数，再接通水源、气源，最后接通电源。

3. 焊机通电后，应检查电气设备、操作机构、冷却系统、气路系统及机体外壳有无漏电现象。电极触头应保持光洁，有漏电时，应立即更换。

4. 作业时，气路、水冷系统应畅通，气体应保持干燥。排水温度不得超过40℃，排水量可根据气温调节。

5. 严禁在引燃电路中加大熔断器。当负载过小使引燃管内电弧不能发生时，不得闭合控制箱的引燃电路。

6. 当控制箱长期停用时，每月应通电加热30min。更换闸流管时应预热30min。正常工作的控制箱的预热时间不得小于5min。

7. 焊接操作及配合人员必须按规定穿戴劳动防护用品，并必须采取防止触电、高空坠落、瓦斯中毒和火灾等事故的安全措施。

8. 现场使用的电焊机，应设有防雨、防潮、防晒的机棚，并应装设相应的消防器材。

9. 高空焊接或切割时，必须系好安全带，焊接周围和下方应采取防火措施，并应有专人监护。

10. 当清除焊缝焊渣时,应戴防护眼镜,头部应避开敲击焊渣飞溅方向。

11. 雨天不得在露天电焊。在潮湿地带作业时，操作人员应站在铺有绝缘物品的地方，并应穿绝缘鞋。

58. 气焊设备安全操作规程牌

气焊设备安全操作规程

1. 一次加电石 10kg 或每小时产生 5m^3 乙炔气的乙炔发生器应采用固定式，并应建立乙炔站（房），由专人操作。乙炔站与厂房及其他建筑物的距离应符合现行国家标准《乙炔站设计规范》（GB 50031）及《建筑设计防火规范》（GB 50016）的有关规定。

2. 乙炔发生器（站）、氧气瓶及软管、阀、表均应齐全有效，紧固牢靠，不得松动、破损和漏气。氧气瓶及其附件、胶管、工具不得沾染油污。软管接头不得采用铜质材料制作。

3. 乙炔发生器、氧气瓶和焊炬相互间的距离不得小于 10m。当不满足上述要求时，应采取隔离措施。同一地点有两个以上乙炔发生器时，其相互间距不得小于 10m。

4. 电石的贮存地点应干燥，通风良好，室内不得有明火或敷设水管、水箱。电石桶应密封，桶上应标明“电石桶”和“严禁用水灭火”等字样。电石有轻微的受潮时，应轻轻取出电石，不得倾倒。

5. 搬运电石桶时，应打开桶上小盖。严禁用金属工具敲击桶盖。取装电石和砸碎电石时，操作人员应戴手套、口罩和眼镜。

6. 电石起火时必须用干砂或二氧化碳灭火器，严禁用泡沫、四氯化碳灭火器或水灭火。电石粒末应在露天销毁。

7. 使用新品种电石前，应作温水浸试，在确认无爆炸危险时，方可使用。

8. 乙炔发生器的压力应保持正常，压力超过 147kPa 时应停用。乙炔发生器的用水应为饮用水。发气室内壁不得用含铜或含银材料制作，温度不得超过 80℃。对水入式发生器，其冷却水温不得超过 50℃；对浮筒式发生器，其冷却水温不得超过 60℃。当温度超过规定时应停止作业，并采用冷水喷射降温和加入低温的冷却水。不得以金属棒等硬物敲击乙炔发生器的金属部分。

9. 使用浮筒式乙炔发生器时，应装设回火防止器。在内筒顶部中间，应设有防爆球或胶皮薄膜，球壁或膜壁厚度不得大于 1mm，其面积应为内筒底面积的 60%以上。

10. 乙炔发生器应放在操作地点的上风处，并应有良好的散热条件，不得放在供电电线的下方，亦不得放在强烈日光下暴晒。

（三）主要工种安全操作规程牌

1. 起重工安全操作规程牌

起重工安全操作规程

1. 必须持证作业，熟知吊装方案、指挥信号、安全技术要求及起重机械的操作方法。

2. 起吊前要认真检查起重机具、工具是否合格、牢靠，确保安全施工。

3. 坚持“十不吊”原则，有权拒绝违章指令。

4. 起吊前，必须正确掌握吊件重量，不允许起重机具超载使用。

5. 立式设备的吊装，应捆绑在重物的重心以上，如需捆绑在重心以下时，必须采取有效的安全措施，并经有关技术负责人批准。

6. 起吊前应在重物上系上牢固的溜绳，防止重物在吊装过程中摆动、旋转。

7. 起吊物不宜在空中长时间停留,若须停留应采取可靠的安全措施。

8. 缆风绳、溜绳跨越道路时，离路面高度不得低于6m，并应悬挂明显标志或警示牌。

9. 吊装过程中，应坚守岗位，听从指挥，发现问题应立即向指挥者报告，无指挥的命令不得擅自操作。

10. 立式设备吊装就位后，应立即进行找正，地脚螺栓把紧后方可松绳摘钩。

2. 信号工安全操作规程牌

信号工安全操作规程

1. 信号指挥工佩戴“信号指挥”标志或特殊标志，安全帽、安全带、指挥旗、口哨俱备，并正确配合使用。

2. 熟悉起重机机械的基本性能，向起重司机及挂钩人员进行旗语手势，声响信号的交底约定。

3. 必须了解吊运物件重量、堆放位置、其他固定物的连接和掩埋情况等，确定吊点、吊装方法的具体事宜。

4. 检查吊索具的磨损状况，有达“报废”标准情况之一的立即更换。尚未达标准却有磨损程度轻的，必须降低其允许使用范围。

5. 检查吊索具、容器等是否符合要求，发现吊具有变形、扭曲、开焊、裂缝等情况必须及时处理，否则停止使用。

6. 吊装作业人员、信号指挥必须集中精力，按规定要求操作，时刻注意塔机的运转、吊物情况。

7. 坚持“十不吊”原则，有权拒绝违章指令。

8. 信号指挥人员要站立得当，旗语（或手势）明显准确，哨声清晰洪亮，与旗语（手势）配合协调一致。上下信号密切联系，应当清楚地注视吊物起、运转、就位的全过程。

9. 信号指挥者应当站在有利于保护自身安全，又能正常指挥作业的有效位置。

10. 吊物起吊 200～300mm 高度时，应停钩检查，待妥当后再行吊运。

11. 吊物悬空运转后突发异常时，指挥者应迅速视情况判断，紧急通告危险部位人员撤离。指挥塔吊司机将吊物慢慢放下，排除险情后，再行起吊。

12. 吊运中若突然停电或机械故障，重物不准长时间悬挂高空，应想办法将重物落放到稳妥的位置并垫好。

13. 吊物时，严禁超低空从人的头顶位置越过，要保证吊物与人的头顶最小的安全距离不小于1m。

14. 两台塔机交叉作业时，指挥人员必须相互配合，注意两吊机间的最小安全距离，以防两吊机相撞或吊物钩挂。

3. 架子工安全操作规程牌

架子工安全操作规程

1. 操作人员应持证上岗,操作时须佩戴安全帽、安全带,穿防滑鞋。

2. 脚手架搭(拆)前,必须根据工程的特点按照规范、规定制定施工方案和搭(拆)的安全技术措施。

3. 大雾、雨雪天气和6级以上大风时,不得进行脚手架上的高处作业,雨雪天后作业,必须采取安全防滑措施。

4. 搭设作业时应按形成基体构架单元的要求,逐跨、逐排和逐步地进行,矩形周边脚手架宜从一个角部开始向两个方向延伸搭设,确保已搭部分稳定。

5. 在架上作业人员应穿好防滑鞋和佩挂好安全带,脚下应铺设必需数量的脚手板,并应铺设稳定,且不得有探头板。当暂时无法铺设落脚板时,用于落脚或抓握、把持的杆件均应为稳定的结构架部分。

6. 架上作业人员应作好分工和配合,传递杆件应掌握好重心,平稳传递。对已完成的一道工序要相互询问并确认后才能进行下一道工序。

7. 作业人员应佩戴工具袋,工具用后装于袋中,以免掉落伤人。

8. 架设材料要随上随用,以免放置不当时掉落。

9. 每次收工以前,所有上架材料应全部搭设上,不要存留在架子上,而且一定要形成稳定的构架,不能形成稳定构架的部分应采取临时撑拉措施予以加固。

10. 在搭设作业中地面上的配合人员应避开可能落物的区域。

11. 在搭设脚手架时,不准使用不合格的架设材料。

12. 作业中要听从统一部署和指挥。

4. 油漆涂料工安全操作规程牌

油漆涂料工安全操作规程

1. 在高处进行涂料作业时，应搭设脚手架、吊架或使用自升式平台。涂料桶应拿牢放稳。

2. 涂刷窗户时，应将安全带系在牢靠的地方，不得挂在窗档上。

3. 涂料作业场所严禁烟火。

4. 作业中不得用手擦摸眼睛和皮肤。

5. 作业场所应通风良好。

6. 当生漆洒到皮肤上时，应用肥皂水擦洗，严禁使用汽油、香蕉水擦洗。

7. 作业完毕，应及时清理现场和工具，妥善保管、存放余料，并及时更衣。

8. 上面有动火作业时，下面严禁油漆作业。

5. 电焊工安全操作规程牌

电焊工安全操作规程

1. 作业人员必须持证上岗。

2. 作业人员必须按规定穿戴好安全防护用品进入现场施工作业。

3. 电焊机外壳必须接地良好，其电源的装拆应由电工进行。

4. 电焊机要设单独的开关，开关应放在防雨的闸箱内，拉合时应戴手套侧向操作。

5. 焊钳与把线必须绝缘良好，连接牢固，更换焊条应截手套，在潮湿地点工作，应站在绝缘板或木板上。

6. 严禁在带压力的容器或管道上施焊，焊接带电的设备必须先切断电源。

7. 焊接贮存过易燃、易爆、有毒物品的容器或管道，必须清除干净，并将所有的孔口打开。

8. 在密封金属容器内施焊时，容器必须可靠接地通风良好，并应有人监护。

9. 焊接预热工件时，应有石棉布或挡板等隔热措施。

10. 把线、地线，禁止与钢丝绳接触，更不得用钢丝绳或机电设备代替零线，所有地线接头，必须连接牢固。

11. 更换场地移动把线时，应切断电源并不得手持把线爬梯登高。

12. 多台焊机在一起集中施焊时，焊接平台或焊件必须接地并应有隔光板。

13. 钍钨极要放在密闭铅盒内，磨削钍钨极时必须戴手套、口罩并将粉尘及时排除。

14. 二氧化碳气体预热器的外壳应绝缘，端电压不应大于36V。

15. 雷电时应停止露天焊接作业。

16. 施焊场地周围应清除易燃易爆物品或进行覆盖、隔离。必须在易燃、易爆气体或液体扩散区施焊时，应经有关部门检试许可后，方可施焊。

17. 工作结束应切断焊机电源，并检查操作地点，确认无起火危险后方可离开。

6. 气焊工安全操作规程牌

气焊工安全操作规程

1. 工作前应检查所有设备、工具并达到完好，防护用品齐全。

2. 凡独立操作的气焊工，必须持证上岗。

3. 氧气瓶、乙炔瓶和焊割工具不得沾染油脂、沥青等，否则应用脱脂剂洗净吹干。

4. 氧气瓶、乙炔瓶必须立放，严禁倒置。氧气瓶、乙炔瓶禁止接触明火，应加遮护，不得在烈日下曝晒和受高温热源辐射。冬季工作时，防止氧气胶管、乙炔胶管冻坏，须用不含油脂的蒸汽或热水暖化，严禁明火烘烤。

5. 禁止用明火和其他热源加热气瓶。

6. 氧气瓶、乙炔瓶相互间距离不得小于5m。

7. 氧气瓶、乙炔瓶与明火的距离不得小于10m。

8. 搬运氧气瓶、乙炔瓶，应轻抬轻放。无保护帽、防震圈的气瓶不得搬运或装车。乙炔气瓶上的易熔塞应朝向无人处。

9. 气割时，工件应用非可燃物垫离地面。

10. 当焊、割炬回火或连续产生爆鸣时，应及时切断乙炔气。

11. 施工完毕后，关闭全部阀门，禁止漏气，存放到指定地点。

7. 电工安全操作规程牌

电工安全操作规程

1. 操作人员必须持证上岗。

2. 进入现场必须按照有关规定穿（戴）好劳动防护用品。

3. 现场施工用的高低压电器设备线路均应按照施工设计和有关电气安全规程安装、架设。

4. 线路上禁止带负荷接电或断电，禁止带电操作。

5. 施工现场夜间照明用电线及灯具，高度应不低于2.5m，易燃、易爆场所，应用防爆灯具。

6. 一切用电设备必须按一机一闸一漏电开关控制保护的原则，严禁一闸多用。

7. 电气（器）着火应立即将有关电源切断，使用泡沫灭火器或干砂灭火。

8. 登高作业必须两人以上，并戴好安全帽，对用电现场采取安全措施，对所有用电设备要有良好的接地，发现问题及时修理，不得带电运转。

9. 检查时应切断电源，挂上“不准合闸”的告示牌。

10. 检修送电必须认真检查，确定无问题，方能送电。

11. 发现异常情况，必须先查明原因，严禁在没有查明原因的情况下送电，以免造成严重后果。

12. 各种机械设备严禁超载运转，对违反安全操作规程的有权停止供电。

13. 负责井架限位、避雷针装置、漏电开关定期测试工作，发现失灵失效必须及时调换。

14. 发生人身触电事故，应立即采取有效的急救措施。

15. 严禁酒后作业。

16. 按照规定要求执行好交接班制度，作好各项值班记录。

8. 钢筋工安全操作规程牌

钢筋工安全操作规程

1. 钢筋机械的安装必须坚实稳固，保持水平位置。固定式机械应有可靠的基础，移动式机械作业时应系紧行走轮。

2. 室外作业应设置机棚。

3. 加工较长的钢筋时，应有专人帮扶，并听从指挥，不得任意推拉。

4. 使用电动除锈时应先检查钢丝刷固定有无松动，检查封闭式防护罩装置、吸尘设备和电气设备的绝缘及接地是否良好等情况，防止发生机械和触电事故。

5. 送料时，操作人员要侧身操作，严禁在除锈机的正前方站人。

6. 展开盘圆钢筋时，要两端卡牢，切断时要先用脚踩紧，防止回弹伤人。

7. 人工调直钢筋时，应检查所有的工具完好性。

8. 拉直钢筋，卡头要卡牢，地锚要结实牢固，拉筋沿线 2m 区域内禁止走人。

9. 人工断料，工具必须牢固。

10. 弯曲钢筋时要紧握扳手，站稳脚步，身体保持平衡，防止钢筋折断或松脱。

11. 断料、配料、弯料等工作应在地面进行，不准在高空操作。钢材品种、半成品分别堆放整齐。制作场地要平整，工作台要稳固。

12. 搬运钢筋要注意附近有无障碍物、架空线和其他临时电气设备，防止碰撞或发生触电事故。

13. 现场绑扎悬空大梁钢筋时，必须要在脚手板上操作。绑扎独立柱头钢筋时，不准站在钢筋上绑扎，必须要有安全设施。

14. 在安装成品钢筋时，应经常检查模板、脚手板是否安全。如遇钢筋工程靠近高压线，必须要有可靠的安全隔离措施，防止钢筋在回转时碰撞电线造成触电伤人。

15. 正确使用各种钢筋机械，操作时要思想集中，工作完毕后应切断电源。

9. 木工安全操作规程牌

木工安全操作规程

1. 工作场所应备有齐全可靠的消防器材。严禁在工作场所吸烟和有其他明火，并不得存放油、棉纱等易燃品。

2. 机械的皮带轮、锯轮、刀轴、锯片、砂轮等高速转动部件应在安装时做平衡试验，各种刀具不得有裂纹破损。

3. 严禁在机械运行中测量工作尺寸和清理机械上面或底部的木屑、刨花和杂物。

4. 运行中不准跨越机械传动部分传递工件、工具等。

5. 加工前应从木料中清除铁钉、铁丝等金属物。

6. 撑模、拆模不得使用腐烂、有暗伤的木质或铁木脚手板，也不得使用条子或薄板做立人板。

7. 拆木（铁）模时严禁乱抛模板，以免冲断脚手板。

8. 拆模时必须一次拆清，不得留有无撑模板，拆除模板应及时清理堆放，以防钉子伤人。

9. 高空作业时材料堆放应稳妥可靠，使用工具随时装入袋内，防止坠落伤人，严禁高空作业抛送工具物件。

10. 使用榔头、斧头等工具，木柄要装牢，操作时要注意，以防工具脱柄或脱手伤人。

11. 使用木工机械禁止戴手套，操作时必须集中思想，认真操作，千万不可麻痹大意。

12. 木料堆场严禁吸烟或用明火，废料及木屑、刨花等应即时清理，做到落手清，以免发生意外。

13. 高空作业，严禁酒后上岗。

14. 木工机械设备必须完好配套，接地装置可靠有效。

10. 瓦工安全操作规程牌

瓦工安全操作规程

1. 进入现场必须戴好安全帽，扣好帽带，不穿硬底及滑底鞋子。

2. 作业需要搁脚手或使用高凳时，必须垫稳、搁牢，不准用滚动物代替。

3. 施工脚手板放砖不得超过三皮，脚手板经检查后，方可使用，不准穿空板。

4. 高空作业时，严禁任意向地上丢物，劈三分砖时应向里挡劈，并注意落手清。

5. 严禁乘井架吊篮上下，不得从架子上攀登。

6. 注意砌筑和粉刷施工时脚手的安全，下雪天要清除余雪，雨天不准在无防滑措施下进行作业，脚手架所有系拉铁丝不得任意剪除，防止脚手架倒塌。

7. 在危险性大、有行人的地方，必须有防护措施，要征得安全员同意和要有现场安全措施时，方可施工。

8. 砌砖使用的工具、材料应放在稳妥的地方，工作完毕应将脚手板和砌体上的碎砖、灰浆等清扫干净，防止掉落伤人。

9. 严禁用抛掷的方法传递砖料。不准用不稳定的工具或物体在脚手板面垫高操作。

10. 对违章指令，操作人员有权拒绝，并上报有关部门。

11. 混凝土工安全操作规程牌

混凝土工安全操作规程

1. 车子向料斗倒料，应有挡车措施，不得用力过猛和撒把。

2. 用井架运输时，小车把不得伸出笼外，车轮前后要挡牢，稳起稳落。

3. 浇灌混凝土时，使用的溜槽及串筒节间必须连接牢固。操作部位应有护身栏杆，不准直接站在溜槽帮上操作。

4. 用输送泵泵送混凝土，管道接头安全阀必须完好，管道的架子必须牢固，输送前必须试送，检修必须卸压。

5. 浇灌框架、梁、柱混凝土应设操作平台，不得直接站在模板或支撑上操作。

6. 浇捣拱形结构、应自两边拱脚对称同时进行，浇圈梁、雨篷、阳台应设防护措施，浇捣料仓，下口应先行封闭并铺设临时脚手架，以防人员下坠。

7. 不得在混凝土养护窑（池）边站立和行走，并注意窑盖板和地沟孔深，防止失足坠落。

8. 夜间浇混凝土时，应有足够的照明。

（四）各类班组长安全生产职责牌

1. 班组长的安全生产职责牌

班组长的安全生产职责

1. 认真执行安全生产规章制度及安全操作规程，合理安排班组人员工作，对本班组人员在生产中的安全和健康负责。

2. 经常组织班组人员学习安全操作规程，监督班组人员正确使用个人劳保用品，不断提高自保能力。

3. 认真落实安全技术交底，做好班前讲话，不违章指挥、冒险蛮干。

4. 经常检查班组作业现场安全生产状况，发现问题及时解决并上报有关领导。

5. 认真做好新工人的岗位教育。

6. 发生因工伤亡及未遂事故，保护好现场，立即上报有关领导。

2. 木工班长的安全生产职责牌

木工班长的安全生产职责

1. 负责落实安全生产保证计划中有关木工作业施工现场安全控制的规定。

2. 组织班组安全作业，模范遵守安全生产规章制度。

3. 安排生产任务时，认真进行安全技术交底，严格执行本工种安全操作规程，有权拒绝违章指挥。

4. 上工前对所使用的机具、设备、防护用具及作业环境进行安全检查，发现问题立即采取整改措施，及时消除事故隐患。

5. 组织班组安全活动，开好班前安全生产会，并根据作业环境和职工的思想、体质、技术状况合理分配生产任务。

6. 木工间内备有的消防器材应定期检查，确保完好状态。严禁在工作场所吸烟和明火作业，不得存放易燃物品。

7. 工作场所的木料应分类堆放整齐，保持道路畅通。

8. 严格遵守木工机械安全操作规程。

9. 高空作业对材料堆放应稳妥可靠，工具用后随时装入袋内，严禁向下抛掷工具或物件等。

10. 木料加工处的废料和木屑等应即时清理，做到落手清。

11. 发生工伤事故，应立即抢救，及时报告，并保护好现场。

3. 瓦工班长的安全生产职责牌

瓦工班长的安全生产职责

1. 负责落实安全生产保证计划中有关泥工作业施工现场安全控制的规定。

2. 组织班组安全作业，模范遵守安全生产规章制度。

3. 安排生产任务时，认真进行安全技术交底，严格执行本工种安全操作规程，有权拒绝违章指挥。

4. 上工前对所使用的机具、设备、防护用具及作业环境进行安全检查，发现问题立即采取整改措施，及时消除事故隐患。

5. 组织班组安全活动，开好班前安全生产会，并根据作业环境和职工的思想、体质、技术状况合理分配生产任务。

6. 严格执行本工种的安全操作规程，提高安全意识，听从安全人员的指挥，严禁违章作业；正确使用劳防用品及安全设施，爱护安全标志，服从分配，坚守岗位。

7. 经常检查工作岗位环境及脚手架、脚手板、工具使用情况，做好文明施工落手清工作；发扬团结友爱精神，维护一切安全设施，不准擅自拆移防范措施。

8. 进入现场必须遵守六大纪律。

4. 电焊班长的安全生产职责牌

电焊班长的安全生产职责

1. 负责落实安全保证计划中电焊安全动火作业控制的规定。

2. 组织班组安全作业，模范遵守安全生产规章制度。

3. 安排生产任务时，认真进行安全技术交底，严格执行本工种安全操作规程，有权拒绝违章指挥。

4. 上工前对所使用的机具、设备、防护用具及作业环境进行安全检查，发现问题立即采取整改措施，及时消除事故隐患。

5. 组织班组安全活动，开好班前安全生产会，并根据作业环境和职工的思想、体质、技术状况合理分配生产任务。

6. 发生工伤事故，应立即抢救，及时报告，并保护好现场。

5. 电工班长的安全生产职责牌

电工班长的安全生产职责

1. 负责落实安全保证计划中电工作业施工现场安全用电控制的规定。

2. 组织班组安全作业，模范遵守安全生产规章制度。

3. 安排生产任务时，认真进行安全技术交底，严格执行本工种安全操作规程，有权拒绝违章指挥。

4. 上工前对所使用的机具、设备、防护用具及作业环境进行安全检查，发现问题立即采取整改措施，及时消除事故隐患。

5. 组织班组安全活动，开好班前安全生产会，并根据作业环境和职工的思想、体质、技术状况合理分配生产任务。

6. 电工必须持证上岗。

7. 必须掌握安全用电基本知识和用电设备的性能。

8. 使用设备前必须检查设备各部位的性能后方可通电使用。

9. 停用的设备必须拉闸断电，锁好开关箱。

10. 电工作业时必须穿戴好必要的劳防用品。

11. 严禁带电作业，设备严禁带病运行。

12. 民工必须严格遵守建设部发布的“施工现场临时用电安全技术规范”进行作业。

13. 保证电气设备、移动电动工具临时用电正常运行和安全使用。

14. 发生触电工伤事故，应立即抢救，及时报告，并保护好现场。

6. 钢筋工班长的安全生产职责牌

钢筋工班长的安全生产职责

1. 负责落实安全保证计划中钢筋班组施工现场安全控制的规定。

2. 组织班组安全作业，模范遵守安全生产规章制度。

3. 安排生产任务时，认真进行安全技术交底，严格执行本工种安全操作规程，有权拒绝违章指挥。

4. 上工前对所使用的机具、设备、防护用具及作业环境进行安全检查，发现问题立即采取整改措施，及时消除事故隐患。

5. 组织班组安全活动，开好班前安全生产会，并根据作业环境和职工的思想、体质、技术状况合理分配生产任务。

6. 严禁违章作业。

7. 高空作业时，严禁乱抛杂物。

8. 钢筋搬运、加工和绑扎过程中发生脆断和其他异常情况时，应立刻停止作业，向有关部门汇报。

9. 严格按设计图纸和现行施工规范加工，绑扎钢筋时严禁偷工减料，弄虚作假。

10. 团结互助，相互提醒，确保安全生产。

11. 发生工伤事故时，应立即抢救，及时报告，并保护好现场。

7. 架子工班长的安全生产职责牌

架子工班长的安全生产职责

1. 负责落实安全生产保证计划中脚手架防护搭设控制的规定。

2. 组织班组安全作业，模范遵守安全生产规章制度。

3. 安排生产任务时，认真进行安全技术交底，严格执行本工种安全操作规程，有权拒绝违章指挥。

4. 上工前对所使用的机具、设备、防护用具及作业环境进行安全检查，发现问题立即采取整改措施，及时消除事故隐患。

5. 组织班组安全活动，开好班前安全生产会，并根据作业环境和职工的思想、体质、技术状况合理分配生产任务。

6. 作业人员必须持证上岗并自觉遵守现场安全生产六大纪律。

7. 认真选材，严格按脚手架安全技术规程要求搭设。

8. 脚手架的维修保养应每三个月进行一次，遇大风大雨应事先认真检查，必要时采取加固措施；脚手架搭设完毕，架子工应通知安全部门会同有关人员共同验收，合格挂牌后方可使用。

9. 拆除架子时，应先检查，如遇薄弱环节，应加固后拆除。

10. 拆除架子必须设置警戒范围，输送地面的杆件应及时分类堆放整齐。

11. 发生工伤事故时，应立即抢救，及时报告，并保护好现场。

8. 安装班长的安全生产职责牌

安装班长的安全生产职责

1. 负责落实安全生产保证计划中安装班组施工现场安全控制的规定。

2. 组织班组安全作业，模范遵守安全生产规章制度。

3. 安排生产任务时，认真进行安全技术交底，严格执行本工种安全操作规程，有权拒绝违章指挥。

4. 上工前对所使用的机具、设备、防护用具及作业环境进行安全检查，发现问题立即采取整改措施，及时消除事故隐患。

5. 组织班组安全活动，开好班前安全生产会，并根据作业环境和职工的思想、体质、技术状况合理分配生产任务。

6. 新参加工作的工人，应先进行安全技术培训和教育，否则不得上岗施工，对本工种安全技术规程不熟悉的人，不得独立作业。

7. 凡编制施工组织设计或施工技术措施文件时，应同时编制切合实际情况的安全技术措施。

8. 凡参与管道施工的电焊工、气焊工、起重吊车司机和现场叉车司机，必须经过当地劳动部门安全培训，考试合格后方可持证施工。

9. 凡在有易爆、易燃物质的地点施工时，应按专门的防护规定进行操作。

10. 在有毒性、刺激性或腐蚀性的气体、液体或粉尘的场所工作时，应编制专门的防护措施进行作业。

11. 发生工伤事故时，应立即抢救，及时报告，并保护好现场。

9. 机械作业班长的安全生产职责牌

机械作业班长的安全生产职责

1. 负责落实安全生产保证计划中施工现场机械操作安全控制的规定。

2. 组织班组安全作业，模范遵守安全生产规章制度。

3. 安排生产任务时，认真进行安全技术交底，严格执行本工种安全操作规程，有权拒绝违章指挥。

4. 上工前对所使用的机具、设备、防护用具及作业环境进行安全检查，发现问题立即采取整改措施，及时消除事故隐患。

5. 组织班组安全活动，开好班前安全生产会，并根据作业环境和职工的思想、体质、技术状况合理分配生产任务。

6. 机械设备的操作人员必须经过专业培训考试合格、并取得有关部门颁发的操作证或特殊工种操作证后，方可独立操作。学员必须在师傅的指导下进行操作。

7. 机械作业时，操作人员不得擅自离开工作岗位或将机械交给非本机操作人员操作。严禁无关人员进入作业区和操作室内。工作时，思想要集中，严禁酒后操作。

8. 作业后，切断电源，锁好闸箱，进行擦拭、润滑，清除杂物。

9. 发生工伤事故时，应立即抢救，及时报告，并保护好现场。

（五）材料、工具管理制度牌

1. 材料验收制度牌

材料验收制度

1. 应对进场、进库的各种材料、工具、构件认真办理验收手续。在确保质量合格的前提下，验好规格、数量，填写验收单。

2. 对贵重物、危险品，按规定把好验收关，及时入库，妥善保存。

3. 对不符合质量或规格、数量要求的料具，有权拒绝验收并报有关负责人。

2. 工具管理制度牌

工具管理制度

1. 通用工具的配发由项目部按专业工种一次性配发给班组，按使用期限包干使用。

2. 通用工具管理由材料部门建立班组领用工具台账或工具卡片，由班组负责管理和使用，配发数量及使用期限按料具管理规定执行。

3. 通用工具的维修：在使用期限内的修理费由班组负责控制，超过规定标准的费用从班组工资含量中解决。

4. 配发给各专业工种班组或个人的工具，如丢失、损坏等一律不再无偿补发，维修、购置或租赁的费用一律自理。

5. 随机（车）使用配发的电缆线、焊把线、氧气（乙炔气）软管等均列入班组管理，坚持谁用谁管。

6. 工作调动或变换工种时，要交回原配发的全部工具。

7. 因特殊工程需用特种工具时，由项目工程技术人员提报计划，经主管领导审批，由材料部门采购提供，并建立工具账卡，工程完工后及时回收。

3. 限额领退料制度牌

限额领退料制度

1. 严格执行班组限额领料制度，做到领料有手续，发料有依据。

2. 领料额度应根据施工预算及实际需要，由工长、材料组长共同研究提出意见，项目经理批准执行。

3. 领料时应出示工长签发的领料单，材料员应在额度范围内发料，按规定办理材料出库和领退料记录等，每月作一次统计结算。

4. 对特殊用品，执行交旧领新的原则，遗失或损坏应酌情赔偿。

5. 节约材料，应及时办理退料入库手续。

6. 材料领出后，由班组负责使用和保管，材料员必须按保管和使用要求对班组进行跟踪检查、监督。

7. 在领、发（或退）料过程中，双方必须办理相关手续，注明用料单位工程和班组、材料名称、规格、数量及领用日期、批准人等，双方需签字认证。

8. 限额领（退）料的材料范围按规定执行。

4. 贵重物品，易燃、易爆物品管理制度牌

贵重物品，易燃、易爆物品管理制度

1. 贵重物品，易燃、易爆物品应及时入库，专库专管，加设明显标志，并建立严格的限额领退料手续。

2. 存放易燃、易爆物品的仓库必须和房屋、交通要道、高压线等保持安全距离，仓库要用砖石砌筑。

3. 库内要有良好的通风条件和湿度表。门窗应向外开，不要使用透明玻璃，垫板的铁钉不能外露。照明要用防爆照明设备和专用启封工具，并应有消防设备。库区应设置“严禁烟火”标志。

4. 有毒物品和危险物品应分别储存在可靠的专设处所，设指定专人负责，严格管理制度。

5. 对有毒或有危险性的废料处理，应在当地公安、卫生机关的指导下进行。

6. 贵重物品，易燃、易爆物品的发放由项目部专人审批，记录清楚。

5. 库存物资盘点检查制度牌

库存物资盘点检查制度

1. 每年年底保管员对自己所管物资都要定期盘点一次，并做出明细报表，报上级有关业务部门。

2. 在盘点中发现的差错和盈亏，要查明原因。

3. 对库存物资保管员每月应进行一次自点。在自点中发现的盈亏，要及时查明原因。

4. 自点自查内容如下：

（1）查质量：库存物资的质量是否变化；

（2）查数量：账、卡、物是否一致，单价是否准确；

（3）查保管条件：堆垛是否合理和稳固，苫盖物是否严密，库房有无漏雨，料区有无积水，门窗通风是否良好；

（4）查安全：各种安全措施和消防设备是否符合安全要求；

（5）查计量工具：磅秤、皮尺是否准确，其他工具是否齐全，使用和保养情况是否良好。

6. 仓库收、发料制度牌

仓库收、发料制度

1. 收货时应根据运单及有关资料详细核对品名、规格、数量，注意外观检查，若有短缺损坏情况，应当场要求运输部门检查。凡属他方的责任，应做出详细记录，记录内容与实际情况相符合后方可收货。

2. 核对证件：入库物资在进行验收前，首先要将供货单位提供的质量证明书或合格证、装箱单、磅码单、发货明细等进行核对，看是否与合同相符。

3. 数量验收：数量检验要在物资入库时一次进行，应当采取与供货单位一致的计量方法进行验收，以实际检验的数量为实收数。

4. 质量检验：一般只作外观形状和外观质量检验的物资，可由保管员或验收员自行检查，验后作好记录。凡需要进行物理、化学试验以检查物资理化特性的，应由专门检验部门加以化验和技术测定，并做出详细鉴定记录。

5. 对验收中发现的问题，应及时报有关业务部门。

6. 物资经过验收合格后应及时办理入库手续，进行登账、立卡、建档工作，以便准确地反映库存物资动态。

7. 核对出库凭证：保管员接到出库凭证后，应核对名称、规格、单价等是否准确，印鉴、单据是否齐全，有无涂改现象，检查无误后方可发料。

8. 备料复核：保管员按出库凭证所列的货物逐项进行备料，备完后要进行复核，以防差错。

四、办公区标志牌

（一）会议室标志牌

1. 施工现场管理办法牌

施工现场管理办法

第一章 总 则

第一条 为加强建设工程施工现场管理，保障建设工程施工顺利进行，促进安全、文明施工，根据本市实际情况，制定本办法。

第二条 凡在本市行政区域内进行建设工程施工活动以及与建设工程施工活动有关的单位和个人，均须遵守本办法。

农村村民在宅基地上自建低层住宅的活动，不适用本办法。

第三条 建设工程施工应当遵守法律、法规和规章的规定，不得损害社会公共利益和他人的合法权益。

任何单位和个人都不得妨碍和阻挠依法进行的建设工程施工活动。

第四条 市建设委员会是本市建设工程施工现场管理的主管机关，负责组织实施本办法。区、县建设委员会负责对本辖区内的建设工程施工现场实施监督管理。

区、县人民政府和各有关部门应当按照各自职责，对建设工程施工现场进行监督管理。

第二章 一 般 规 定

第五条 施工单位负责对建设工程施工现场进行管理。建设工程实行总承包和分包的，由总承包单位负责对建设工程施工现场实施统一管理，分包单位负责管理分包范围内的建设工程施工现场。因总承包单位违章指挥造成事故的，由总承包单位负责；分包单位不服从总承包单位管理，违章指挥、违章作业造成事故的，由分包单位承担直接责任。

禁止任意压缩合理工期，因压缩合理工期造成事故的，由建设单位和施工单位负责。

第六条 施工单位必须编制建设工程施工组织设计。建设工程实行总承包和分包的，由总承包单位负责编制施工组织设计，分包单位在总承包单位的总体部署下，负责编制分包工程的施工组织设计。

建设工程施工必须按照施工组织设计运行。

第七条 建设工程施工现场用地范围，以规划行政主管部门批准的建设工程用地和临时用地范围为准。除市政基础设施工程外，对一般建设工程临时用地的，规划行政主管部门不批准占用人行道和绿地。

建设工程施工现场用地的周边应当进行围挡，围挡设置高度不低于1.8m。市政基础设施工程因特殊情况不能进行围挡的，应当设置安全警示标志，并在工程险要处采取隔离措施。

第八条 建设工程施工现场应当设置施工标志牌、现场平面布置图和安全生产、消防保卫、环境保护、文明施工制度板。施工标志牌应当标明工程项目名称，建设单位、设计单位、施工单位、监理单位名称，项目经理姓名、联系电话，开工和计划竣工日期以及施工许可证批准文号等。

第九条 建设工程施工现场应当设有居民来访接待场所，并有专人值班，负责随时接待来访居民。

第十条 施工暂设应当按照规定设置，不得改变使用性质。在建设工程竣工后一个月内，建设单位应当将施工暂设全部拆除。

第三章 环 境 保 护

第十一条 施工单位应当按照规定采取防治扬尘、噪声、固体废物和废水等污染环境的有效措施，所需费用应当列入建设工程造价。

第十二条 建设工程施工现场主要道路必须进行硬化处理。建设工程施工现场土方集中存放的，应当采取覆盖或者固化措施。

建设工程施工现场应当有专人负责保洁工作，配备相应的洒水设备，及时洒水清扫，减少扬尘污染。

第十三条 对建设工程施工现场中的办公区和生活区，应当进行绿化和美化。热水锅炉、炊事炉灶等必须使用清洁燃料。

第十四条 施工料具应当按照建设工程施工现场平面布置图确定的位置码放。水泥等可能产生扬尘污染的建筑材料应当在库房内存放或者严密遮盖。存放油料必须有防止泄漏和防止污染措施。

第十五条 四环路以内的建设工程施工现场，混凝土浇注量超过 $100m^3$ 以上的工程，应当使用预拌混凝土。

前款规定以外的建设工程施工现场设置搅拌机的，必须配备降尘防尘装置。

第十六条 搅拌机前台及运输车辆清洗处应当设置沉淀池。清洗搅拌机和运输车辆的污水，未经沉淀处理不得直接排入城市排水设施和河道。

第十七条 清理施工垃圾，必须搭设密闭式专用垃圾道或者采用容器吊运，严禁随意抛散。建设工程施工现场应当设置密闭式垃圾站用于存放施工垃圾，施工垃圾应当按照规定及时清运消纳。

第十八条 车辆运输砂石、土方、渣土和垃圾的，应当按照《北京市人民政府关于禁止车辆运输泄露遗撒的规定》，采取措施防止车辆运输泄露遗撒。

第十九条 在城镇的噪声敏感建筑物集中区域内，不得夜间进行产生环境噪声污染的建筑施工作业，但重点工程、抢险救灾工程和因生产工艺上要求必须连续作业或者特殊需要的除外。

因生产工艺上要求必须连续作业或者特殊需要，确需在22时至次日6时期间进行施工的，建设单位和施工单位应当在施工前到建设工程所在地的区、县建设委员会提出申请，经批准后方可进行夜间施工。

进行夜间施工作业的，建设单位应当会同施工单位做好周边居民工作，并公布施工期限。

第二十条 除城市基础设施工程和抢险救灾工程以外，进行夜间施工作业产生的噪声超过规定标准的，对影响范围内的居民由建设单位适当给予经济补偿。

建设单位应当委托环保监测机构测定夜间施工噪声影响范围，并会同建设工程所在地的街道办事处、居民委员会或者物业管理单位具体确定应当给予补偿的户数。建设单位应当与接受补偿的居民签订补偿协议。

第四章 安全管理

第二十一条 建设工程施工安全生产管理必须坚持安全第一、预防为主的方针，建立健全安全生产责任制和群防群治制度，施工单位应当按照建筑业安全作业规程和标准采取有效措施，消除事故隐患，防止伤亡和其他事故发生。

第二十二条 建设单位必须在建设工程施工前向施工单位提供相关的地下管线资料，施工单位应当采取措施加以保护。

第二十三条 施工单位的法定代表人全面负责施工单位安全生产，施工单位的项目经理具体负责建设工程施工现场的安全生产。

第二十四条 建设工程施工对毗邻建筑物、构筑物和特殊作业环境可能造成损坏的，施工单位必须采取安全防护措施。

第二十五条 总承包单位对进入建设工程施工现场的大型施工机械实行统一管理。提供大型施工机械的单位应当保证大型施工机械设备完好。

第二十六条 在建设工程施工现场安装、使用临时用电线路和用电设施的，必须符合有关技术规范和安全操作规程。

第二十七条 施工单位应当建立安全生产教育培训制度，进入建设工程施工现场的管理人员和操作人员，未经安全生产教育培训的，不得上岗作业。

第二十八条 禁止在建设工程施工中违章指挥和违章作业。

作业人员对可能影响人体健康和人身安全的作业程序、作业条件，有权提出改进意见，有权对违章指挥进行检举和控告。

第二十九条 建设单位和施工单位应当建立防火、保卫制度，并按照规定设置消防、保卫设施。

第三十条 施工单位施工时，发现文物、古化石或者爆炸物以及放射性污染源等，应当保护好现场并按照规定及时向有关部门报告。

第三十一条 建设工程施工现场的各类职工生活设施，应符合卫生、通风、照明等要求，防止煤气中毒、食物中毒和各种疫情的发生。

第三十二条 建设工程施工现场应当设立现场安全卫生医疗紧急救护组织，配备急救用品。

第三十三条 建设工程施工现场发生事故时，施工单位应当采取紧急措施减少人员伤亡和财产损失，并按照规定及时向有关部门报告。

第五章 法律责任

第三十四条 违反本办法有下列行为之一的，视情节轻重，责令改正，处1000元以上5000元以下罚款：

（一）违反本办法第六条规定，不编制施工组织设计的；

（二）违反本办法第八条规定，未设置施工标志牌、现场平面布置图和制度板的；

（三）违反本办法第九条规定，建设工程施工现场未设有居民来访接待场所的；

（四）违反本办法第二十七条规定，进入建设工程施工现场的管理人员和操作人员未经培训上岗的。

第三十五条 违反本办法有下列行为之一的，视情节轻重，责令改正，处1000元以上2万元以下罚款：

（一）违反本办法第七条第二款规定，建设工程施工现场周边不进行围挡的；

（二）违反本办法第十条规定，未按规定拆除施工暂设的。

第三十六条 建设单位和施工单位有下列行为之一的，责令改正，视情节轻重，处1000元以上5000元以下罚款，情节严重的，处2万元以下罚款：

（一）违反本办法第十二条第一款规定，建设工程施工现场主要道路未进行硬化的；

（二）违反本办法第十四条规定，施工料具不按照建设工程施工现场平面布置图确定的位置码放，水泥等可能产生扬尘污染的建筑材料不在库房内存放或者严密遮盖，以及存放油料没有防止泄漏和污染措施的；

（三）违反本办法第十五条第二款规定，建设工程施工现场的搅拌机未配备降尘防尘装置的；

（四）违反本办法第十七条规定，随意抛撒施工垃圾，未设密闭式垃圾站和未及时清运施工垃圾的。

第三十七条 违反本办法第十九条第二款规定，未经批准或者超过批准期限进行夜间施工的，责令改正，处1万元以上3万元以下罚款。

第三十八条 违反本办法第二十一条规定，对建设工程施工现场隐患不采取措施予以消除的，责令改正，处1000元以上1万元以下罚款；情节严重的，处1万元以上3万元以下罚款；造成人员伤亡和重大财产损失的，由公安、安全生产管理等部门依据有关规定处理。

第三十九条 违反本办法第二十二条规定，建设单位未及时提供地下管线资料或者施工单位未采取保护措施，造成管线损坏的，处1

万元以上3万元以下罚款。建设单位或者施工单位对管线损坏负有责任的，应当依法承担民事责任。

第四十条 违反本办法，属于违反规划、建设、环境保护、公安、消防、卫生、安全生产等法律、法规和规章的规定的，由规划、建设、环境保护、公安、消防、卫生、安全生产管理等部门依法处理。

第四十一条 各有关部门工作人员必须忠于职守，依法行政。对滥用职权、徇私舞弊、玩忽职守的，由其所在单位或者监察部门依法给予行政处分；构成犯罪的，依法追究刑事责任。

第六章 附 则

第四十二条 房屋拆除工程施工现场管理参照执行本办法。

第四十三条 本办法自2001年5月1日起施行。1985年7月23日市人民政府发布、1994年9月5日市人民政府修改的《北京市人民政府关于加强建设工程施工现场管理的暂行规定》同时废止。

2. 施工现场环境与卫生标准牌

施工现场环境与卫生标准

一 般 规 定

1. 施工现场的施工区域应与办公、生活区划分清晰，并应采取相应的隔离措施。

2. 施工现场必须采用封闭围挡，高度不得小于1.8m。

3. 施工现场出入口应标有企业名称或企业标志。主要出入口明显处应设置工程概况牌，大门内应有施工现场总平面图和安全生产、消防保卫、环境保护、文明施工等制度牌。

4. 施工现场临时用房应选址合理，并应符合安全、消防要求和国家有关规定。

5. 在工程的施工组织设计中应有防治大气、水土、噪声污染和改善环境卫生的有效措施。

6. 施工企业应采取有效的职业病防护措施，为作业人员提供必备的防护用品，对从事有职业病危害作业的人员应定期进行体检和培训。

7. 施工企业应结合季节特点，做好作业人员的饮食卫生和防暑降温、防寒保暖、防煤气中毒、防疫等工作。

8. 施工现场必须建立环境保护、环境卫生管理和检查制度，并应做好检查记录。

9. 对施工现场作业人员的教育培训、考核应包括环境保护、环境卫生等有关法律、法规的内容。

10. 施工企业应根据法律、法规的规定，制定施工现场的公共卫生突发事件应急预案。

防治大气污染

1. 施工现场的主要道路必须进行硬化处理，土方应集中堆放。裸露的场地和集中堆放的土方应采取覆盖、固化或绿化等措施。

2. 拆除建筑物、构筑物时，应采用隔离、洒水等措施，并应在规定期限内将废弃物清理完毕。

3. 施工现场土方作业应采取防止扬尘措施。

4. 从事土方、渣土和施工垃圾运输应采用密闭式运输车辆或采取覆盖措施；施工现场出入口处应采取保证车辆清洁的措施。

5. 施工现场的材料和大模板等存放场地必须平整坚实。水泥和其他易飞扬的细颗粒建筑材料应密闭存放或采取覆盖等措施。

6. 施工现场混凝土搅拌场所应采取封闭、降尘措施。

7. 建筑物内施工垃圾的清运，必须采用相应容器或管道运输，严禁凌空抛掷。

8. 施工现场应设置密闭式垃圾站，施工垃圾、生活垃圾应分类存放，并应及时清运出场。

9. 城区、旅游景点、疗养区、重点文物保护地及人口密集区的施工区现场应使用清洁能源。

10. 施工现场的机械设备、车辆的尾气排放应符合国家环保排放标准的要求。

11. 施工现场严禁焚烧各类废弃物。

防治水土污染

1. 施工现场应设置排水沟及沉淀池，施工污水经沉淀后方可排入市政污水管网或河流。

2. 施工现场存放的油料和化学溶剂等物品应设有专门的库房，地面应做防渗漏处理。废弃的油料和化学溶剂应集中处理，不得随意倾倒。

3. 食堂应设置隔油池，并应及时清理。

4. 厕所的化粪池应做抗渗处理。

5. 食堂、盥洗室、淋浴间的下水管线应设置过滤网，并应与市政污水管线连接，保证排水通畅。

防治施工噪声污染

1. 施工现场应按照现行国家标准《建筑施工场界噪声限值》（GB 12523）和《建筑施工场界噪声测量方法》（GB 12524）制定降噪措施，并可由施工企业自行对施工现场的噪声值进行监测和记录。

2. 施工现场的强噪声设备宜设置在远离居民区的一侧，并应采取降低噪声措施。

3. 对因生产工艺要求或其他特殊需要，确需在夜间进行超过噪声标准施工的，施工前建设单位应向有关部门提出申请，经批准后方可进行夜间施工。

4. 运输材料的车辆进入施工现场，严禁鸣笛，装卸材料应做到轻拿轻放。

临　时　设　施

1. 施工现场应设置办公室、宿舍、食堂、厕所、淋浴间、开水房、文体活动室、密闭式垃圾站（或容器）及盥洗设施等临时设施。临时设施所用建筑材料应符合环保、消防要求。

2. 办公区和生活区应设密闭式垃圾容器。

3. 办公室内布局应合理，文件资料宜归类存放，并应保持室内清洁卫生。

4. 施工现场应配备常用药及绷带、止血带、颈托、担架等急救器材。

5. 宿舍内应保证有必要的生活空间，室内净高不得小于2.4m，通道宽度不得小于0.9m，每间宿舍居住人员不得超过16人。

6. 施工现场宿舍必须设置可开启式窗户，宿舍内的床铺不得超过2层，严禁使用通铺。

7. 宿舍内应设置生活用品专柜，有条件的宿舍宜设置生活用品储藏室。

8. 宿舍内应设置垃圾桶，宿舍外宜设置鞋柜或鞋架，生活区内应提供为作业人员晾晒衣物的场地。

9. 食堂应设置在远离厕所、垃圾站、有毒有害场所等污染源的地方。

10. 食堂应设置独立的制作间、储藏间，门扇下方应设不低于0.2m的防鼠挡板。

制作间灶台及其周边应贴瓷砖，所贴瓷砖高度不宜小于1.5m，地面应做硬化和防滑处理。

粮食存放台距墙和地面应大于0.2m。

11. 食堂应配备必要的排风设施和冷藏设施。

12. 食堂的燃气罐应单独设置存放间，存放间应通风良好并严禁存放其他物品。

13. 食堂制作间的炊具宜存放在封闭的橱柜内，刀、盆、案板等炊具应生熟分开。食品应有遮盖，遮盖物品应有正反面标志。各种佐料和副食应存放在密闭器皿内，并应有标志。

14. 食堂外应设置密闭式泔水桶，并应及时清运。

15. 施工现场应设置水冲式或移动式厕所，厕所地面应硬化，门窗应齐全。蹲位之间宜设置隔板，隔板高度不宜低于0.9m。

16. 厕所大小应根据作业人员的数量设置。高层建筑施工超过8层以上，每隔四层宜设置临时厕所。厕所应设专人负责清扫、消毒，化粪池应及时清淘。

17. 淋浴间内应设置满足需要的淋浴喷头，可设置储衣柜或挂衣架。

18. 盥洗设施应设置满足作业人员使用的盥洗池，并应使用节水龙头。

19. 生活区应设置开水炉、电热水器或饮用水保温桶；施工区应配备流动保温水桶。

20. 文体活动室应配备电视机、书报、杂志等文体活动设施、用品。

卫生与防疫

1. 施工现场应设专职或兼职保洁员，负责卫生清扫和保洁。

2. 办公区和生活区应采取灭鼠、蚊、蝇、蟑螂等措施，并应定期投放和喷洒药物。

3. 食堂必须有卫生许可证，炊事人员必须持身体健康证上岗。

4. 炊事人员上岗应穿戴洁净的工作服、工作帽和口罩，并应保持个人卫生。不得穿工作服出食堂，非炊事人员不得随意进入制作间。

5. 食堂的炊具、餐具和公用饮水器具必须清洗消毒。

6. 施工现场应加强食品、原料的进货管理，食堂严禁出售变质食品。

7. 施工现场作业人员发生法定传染病、食物中毒或急性职业中毒时，必须在2小时内向施工现场所在地建设行政主管部门和有关部门报告，并应积极配合调查处理。

8. 现场施工人员患有法定传染病时，应及时进行隔离，并由卫生防疫部门进行处置。

3. 施工现场组织机构图

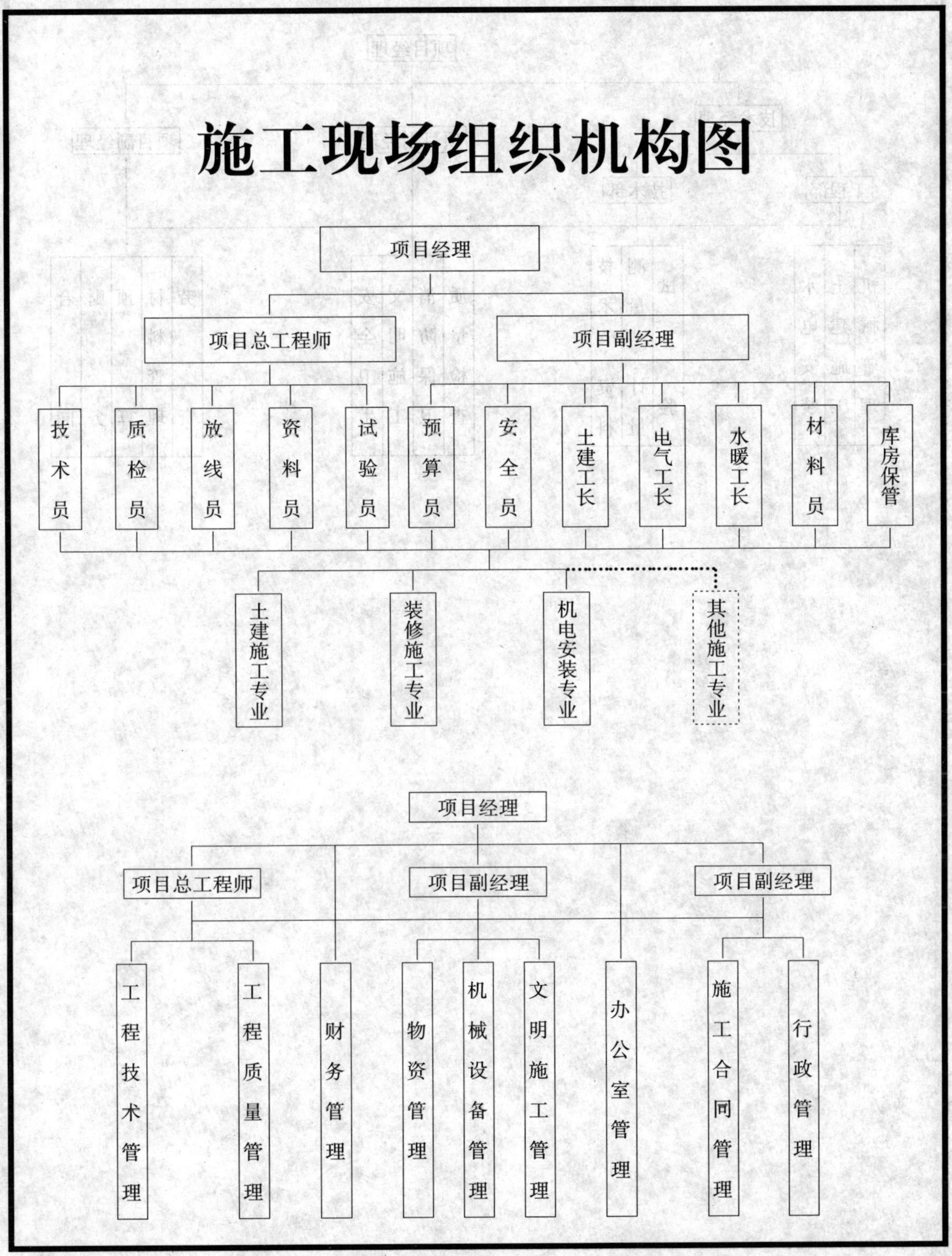
施工现场组织机构图
项目经理
项目总工程师
项目副经理
技术员
质检员
放线员
资料员
试验员
预算员
安全员
土建工长
电气工长
水暖工长
材料员
库房保管
土建施工专业
装修施工专业
机电安装专业
其他施工专业
项目经理
项目总工程师
项目副经理
项目副经理
工程技术管理
工程质量管理
财务管理
物资管理
机械设备管理
文明施工管理
办公室管理
施工合同管理
行政管理

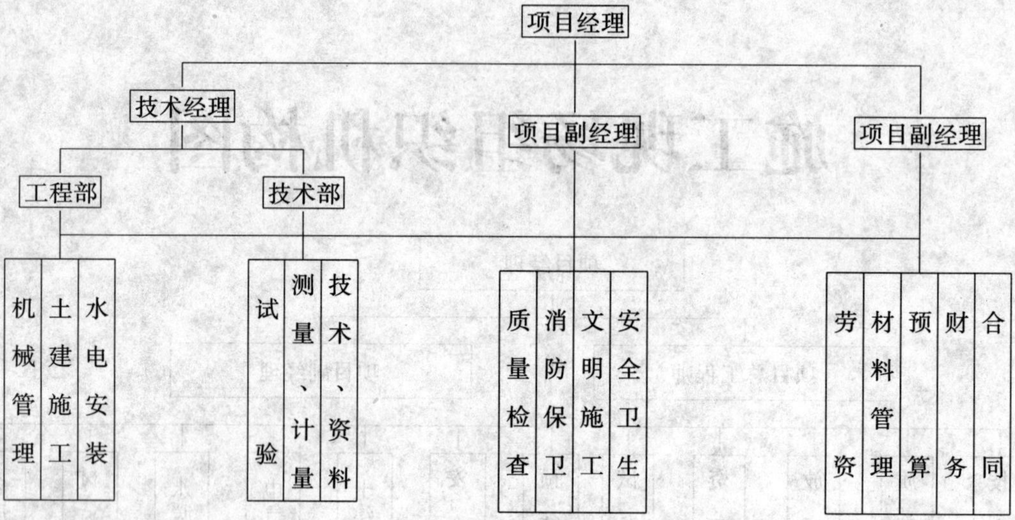
项目经理
技术经理
项目副经理
项目副经理
工程部
技术部
机械管理
土建施工
水电安装
试验
测量、计量
技术、资料
质量检查
消防保卫
文明施工
安全卫生
劳资
材料管理
预算
财务
合同

4. 应急预案分工图

应急预案分工图

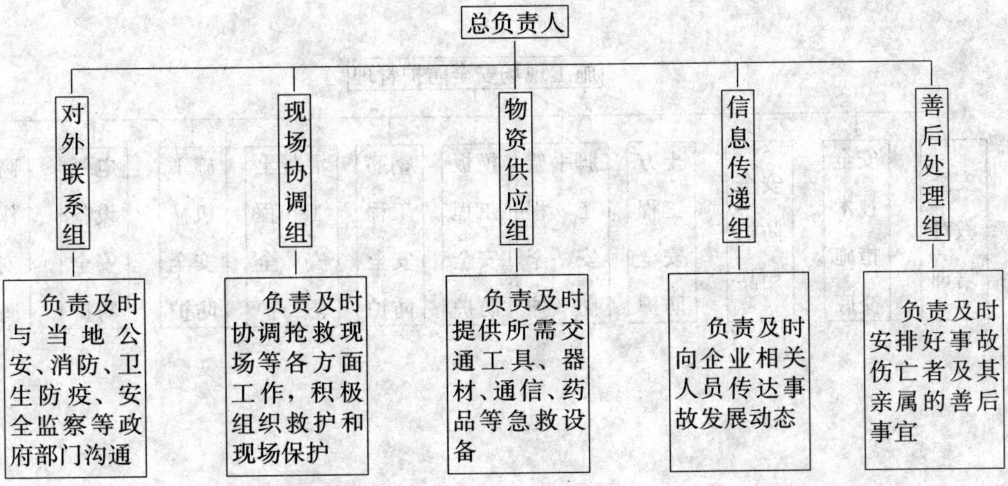

5. 施工现场安全管理网络图

（1）施工现场安全防护管理网络图

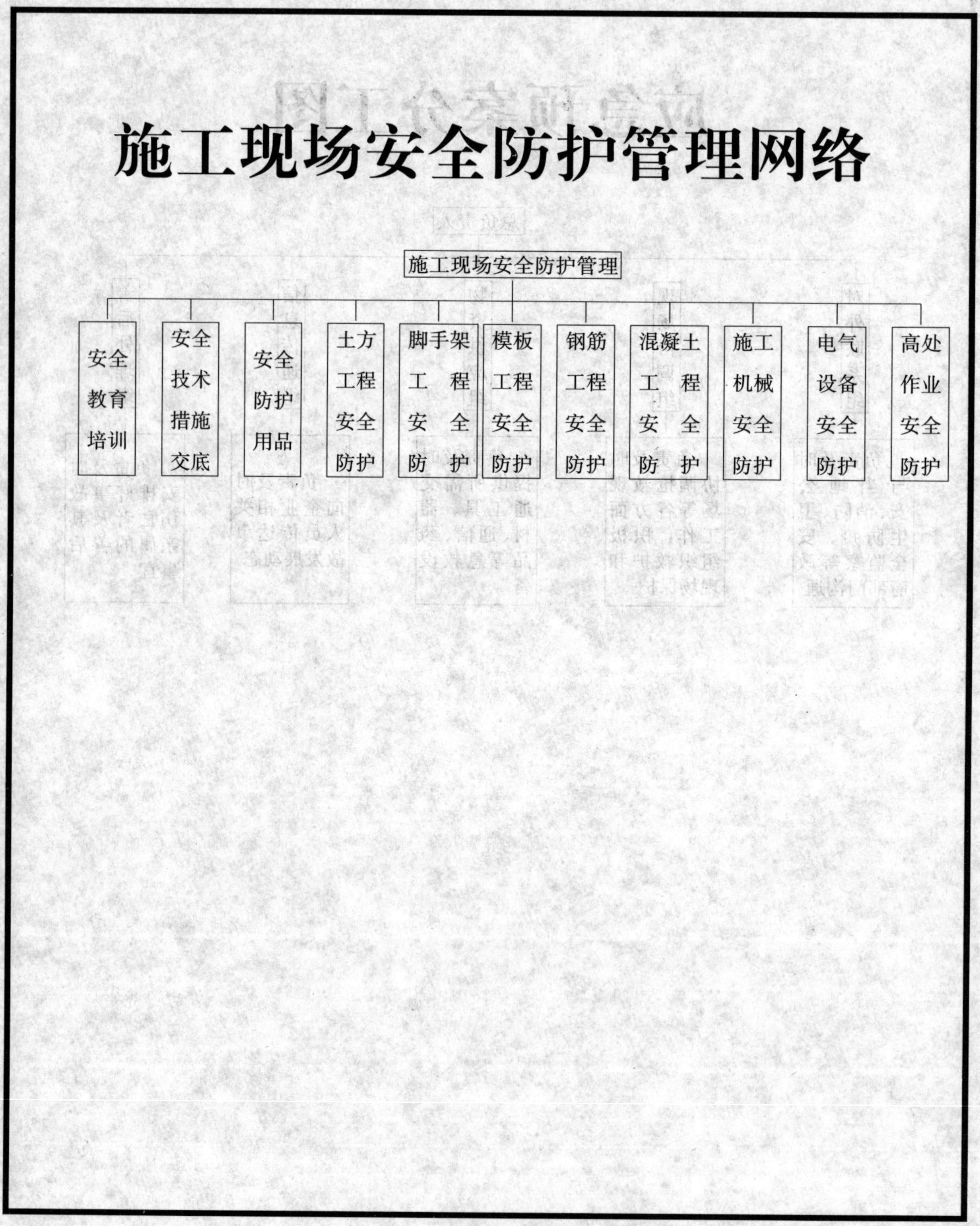

（2）施工现场临时用电管理网络图

施工现场临时用电管理网络

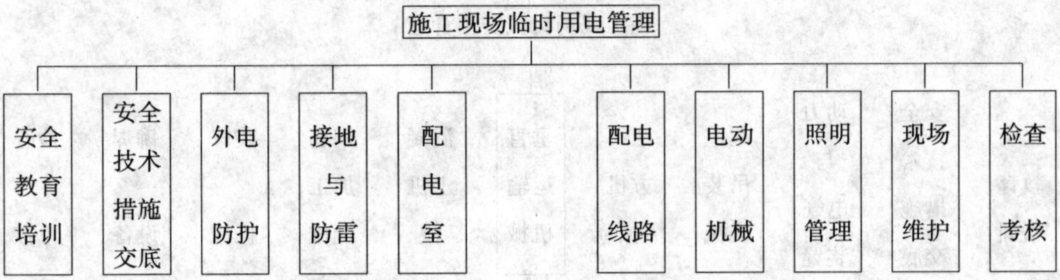

（3）施工现场机械安全管理网络图

施工现场机械安全管理网络

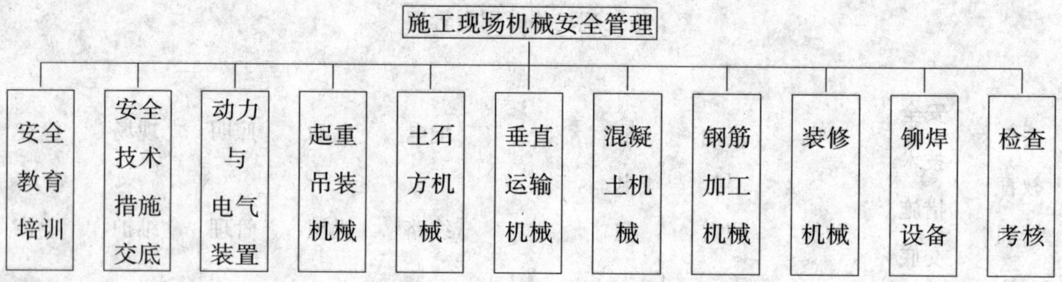

（4）施工现场消防保卫管理网络图

施工现场消防保卫管理网络

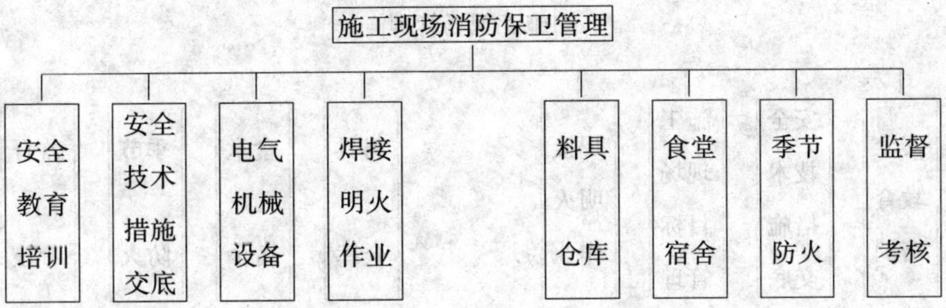

（5）施工现场管理网络图

施工现场管理网络

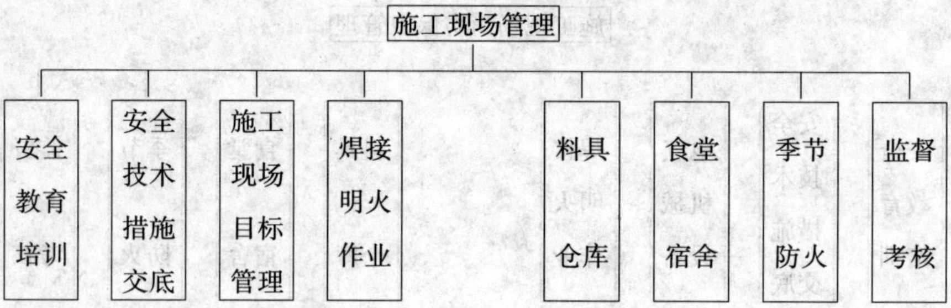

6. 施工现场环境保护管理网络图

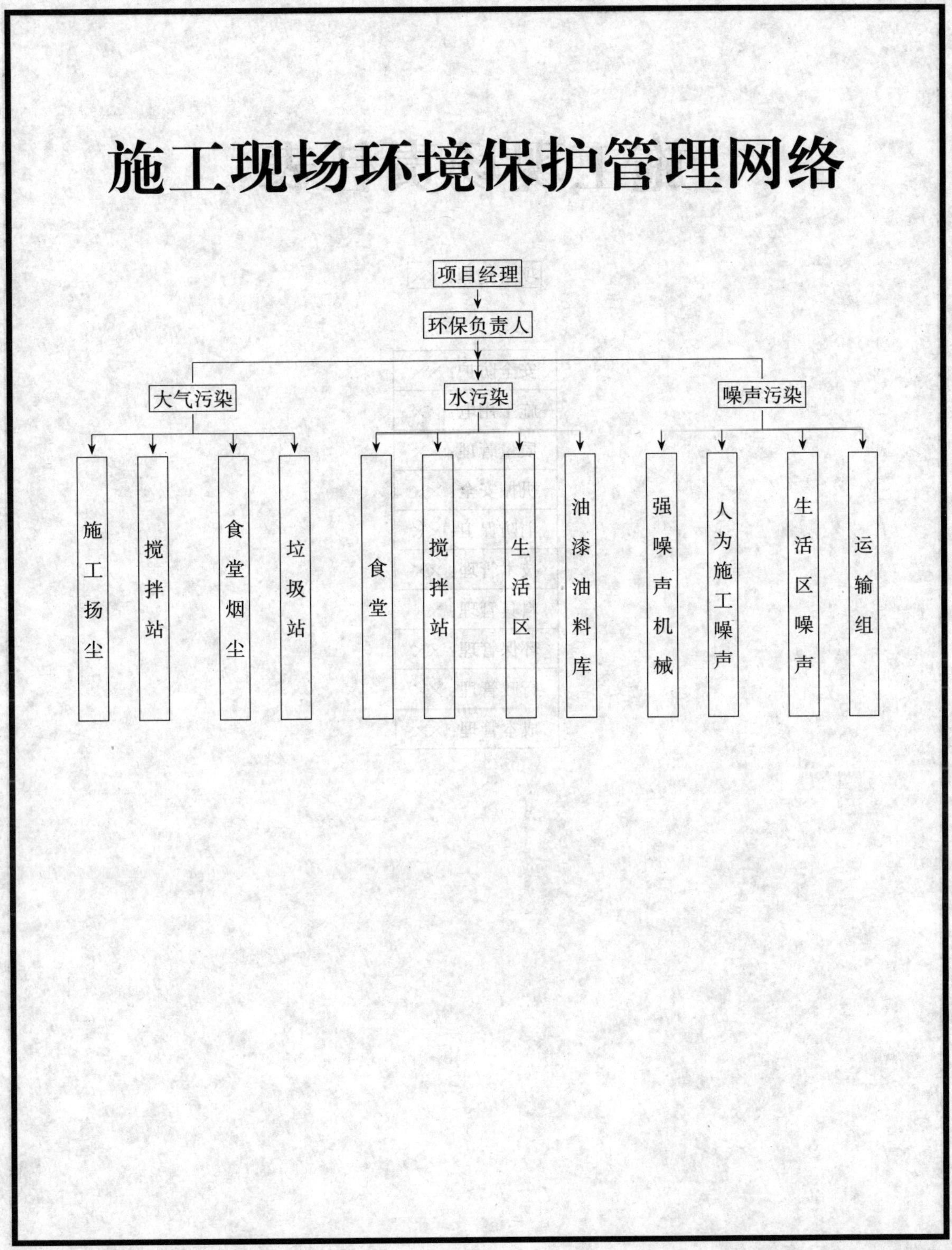

7. 施工现场责任表牌

施工现场责任表

项目经理：××

↓

安全防护：××
施工用电：××
质量管理：××
机械安全：××
消防保卫：××
技术管理：××
料具管理：××
环保管理：××
行政管理：××
成本管理：××

（二）党支部办公室标志牌

党支部工作职责牌

党支部工作职责

1. 全面贯彻执行党的路线、方针、政策和上级党组织的指示。

2. 组织抓好职工政治理论学习和思想品德、职业道德教育。

3. 按党管干部的原则，做好干部的培养、考察和推荐任用工作。

4. 参与重大问题的决策，包括：项目管理规划和目标；生产经营计划和施工组织方案；财务预决算和资金使用；工程拨款和物资采购供应方案；工程任务分包和协作队伍选择；项目部内部机构调整和人员使用、奖惩；重要改革措施、规章制度的制定和修订；工资奖金分配方案等涉及职工切身利益的重要问题。

5. 支持行政工作，结合经营生产和改革实际，做好思想政治工作。

6. 围绕经营生产，加强思想政治工作，开展党风活动，带领党员、干部员工完成各项任务。

7. 按照规定程序抓好建党积极分子的培养，做好党员发展工作。

8. 加强对工会、共青团工作的领导，支持他们依照各自《章程》开展工作。

（三）团委办公室标志牌

1. 团委工作职责牌

团委工作职责

1. 接受党支部和上级团组织的领导。

2. 贯彻执行团（委）支部大会决议、党组织和上级团组织的决定精神。

3. 率领广大青年职工进行经常性的思想政治工作和生产活动。

4. 代表和维护青年利益。

5. 积极参与项目管理和施工生产，围绕项目管理和施工生产，结合实际开展团内主题活动。

2. 团委的安全生产职责牌

团委的安全生产职责

1. 配合党政部门抓好团员、青年的安全教育，动员团员青年在安全生产中起模范带头作用；

2. 开展安全技术培训、安全知识竞赛等活动，激励青年职工学习安全操作规程和技能，掌握安全管理方法，增强安全意识；

3. 建立青年志愿者安全监督网络，组织青年志愿者安全监督员讨论、分析生产中存在的事故隐患，并提出整改措施；

4. 总结推广有利于安全生产的成果和先进操作技术，促进青工队伍安全技术素质的提高。

（四）项目经理室标志牌

1. 项目经理岗位职责牌

项目经理岗位职责

1. 认真贯彻执行国家、地方政府和上级的有关方针政策以及本企业的各项规章制度。

2. 主持项目的总体管理。

3. 主持项目内各单位工程或专业项目对内、外发包，组织和管理进入施工现场的人、财、物等生产要素，协调好与建设单位、设计单位、地方主管部门、总包和分包单位等各方面的关系。

4. 组织制定项目各项规章制度，接受有关部门的监督、检查。

5. 负责组织健全劳动力、原材料定额、机械设备定额、能源定额、资金定额等五大定额的管理。

6. 负责组织和健全项目部的全面质量管理保证体系。

7. 负责健全安全生产保证体系。

8. 负责组织、健全环境保证体系。

9. 健全和完善用工管理制度。

10. 主持总经理办公会议，确定人事调动、任免、奖励、处罚以及项目规章制度的颁发。

11. 推广先进的管理方法与先进的施工技术，确定研究课题并主持课题研究活动。

12. 审核、批准各项经济合同。

13. 审核、确定各材料供应商。

14. 督促、检查、指导、协调各副职的工作。

15. 审核、批准各项办公、接待费用标准。

16. 负责组织健全项目部的生产指挥、经营管理系统。

2. 项目经理安全生产职责牌

项目经理安全生产职责

1. 对承包项目工程生产经营过程中的安全生产负全面领导责任。

2. 贯彻落实安全生产方针、政策、法规和各项规章制度，结合项目工程特点及施工全过程的情况，制定本项目工程各项安全生产管理办法，或提出要求，并监督其实施。

3. 在组织项目工程业务承包，聘用业务人员时，必须本着安全工作只能加强的原则，根据工程特点确定安全工作的管理体制和人员，并明确各业务承包人的安全责任和考核指标，支持、指导安全管理人员的工作。

4. 健全和完善用工管理手续，录用外包队必须及时向有关部门申报，严格用工制度与管理，适时组织上岗安全教育，要对外包工队的健康与安全负责，加强劳动保护工作。

5. 组织落实施工组织设计中的安全技术措施，组织并监督项目工程施工中的安全技术交底制度和设备、设施验收制度的实施。

6. 领导、组织施工现场定期的安全生产检查，发现施工生产中不安全问题，组织制定措施，及时解决。对上级提出的安全生产与管理方面的问题，要定时、定人、定措施予以解决。

7. 发生事故，要做好现场保护与抢救工人的工作，及时上报，组织配合事故的调查，认真落实制定的防范措施，吸取事故教训。

3. 项目经理质量职责牌

项目经理质量职责

1. 对本项目施工的工程项目的质量管理工作全面负责。

2. 贯彻执行国家有关质量方针政策和上级质量管理规章制度，负责贯彻落实企业制定的工程质量责任制，负责对项目全体员工进行质量意识的教育。

3. 确定在施工程的质量方针目标，定期组织质量大检查，掌握工程质量状况。

4. 负责健全质量保证体系，制定质量奖惩办法，定期召开质量工作会议，制定创优工程质量保证措施和奖励措施，组织落实各级创优工程考核。

5. 推行项目全面质量管理，建立全面质量管理机构。

4. 项目经理消防职责牌

项目经理消防职责

1. 对项目工程生产经营过程中的消防工作负全面领导责任。

2. 贯彻落实消防保卫方针、政策、法规和各项规章制度，结合项目工程特点及施工全过程的情况，制定本项目各消防保卫管理办法或提出要求，并监督实施。

3. 根据工程特点确定消防工作的管理体制和人员，并明确各业务承包人的消防保卫责任和考核指标，支持、指导消防人员的工作。

4. 组织落实施工组织设计中消防措施，组织并监督项目施工中消防技术交底制度和设备、设施验收制度的实施。

5. 领导、组织施工现场定期的消防检查，发现消防工作中的问题，制定措施，及时解决。对上级提出的消防与管理方面的问题，要定时、定人、定措施予以整改。

6. 发生事故，要做好现场保护与抢救工作，及时上报，组织、配合事故的调查，认真落实制定的整改措施，吸取事故教训。

7. 对外包队伍加强消防安全管理，并对其进行评定。

8. 参加消防检查，对施工中存在的不安全因素，从技术方面提出整改意见和方法予以消除。

9. 参加，配合火灾及重大未遂事故的调查，从技术上分析事故原因，提出防范措施、意见。

5. 项目经理环境保护职责牌

项目经理环境保护职责

1. 贯彻执行国家和地方有关施工现场环境保护规定，对施工现场环境保护负直接领导责任。指导项目部管理人员、班组成员开展施工现场环境保护。

2. 定期组织对项目全体人员的环境保护知识的宣传教育。

3. 建立健全环境保护自我保障体系，落实各级人员岗位责任制和环境保护管理制度。

4. 对现场环境保护管理实行定期和不定期检查。

5. 自觉接受上级有关职能部门的监督检查，发现问题及时妥善处理。

6. 项目经理卫生防疫职责牌

项目经理卫生防疫职责

1. 贯彻执行国家及地方有关建筑项目施工现场环境卫生法规，对施工现场环境卫生管理负直接领导责任。

2. 定期组织对现场管理、作业人员进行环境卫生知识宣传教育，对施工人员的身体健康负责。

3. 组织建立健全环境卫生管理体系，明确各级人员岗位责任制。

4. 监督各级管理人员岗位责任制落实情况，定期对项目工程施工现场的环境卫生进行检查。

5. 拟定现场卫生防疫管理预案，监督执行现场疫情报告制度。

（五）技术经理办公室标志牌

1. 技术经理岗位职责牌

技术经理岗位职责

1. 建立施工进度网络保证体系、技术管理保证体系和环境保护保证体系。

2. 全面负责工程的质量、技术及施工管理。

3. 组织贯彻执行有关技术标准、规范、规程，督促检查职能部门、分包单位的质量、技术、安全、试验、测量、计量、材料、机械设备、能源等的规范、标准的执行情况。

4. 主持本项目部施工组织设计、施工方案、工序程序文件的编制，坚持每道工序的程序管理。

5. 组织好施工工程的图纸会审，组织好新的推广及技术革新。

6. 负责项目部的工程质量管理工作。

7. 做好职工技术培训。

8. 落实安全生产方针、政策，严格执行安全技术规程。主持项目工程的单分项安全技术交底和开工前对项目工程技术人员、安全人员、分包负责人、施工人员进行技术、安全等方面交底及签字手续。

9. 组织编制施工组织设计，编制、审查施工方案，制定、检查安全技术措施。

10. 参与因工伤亡事故以及重大未遂事故的调查，对工伤（未遂）事故作技术分析，提出防范。

11. 指导工长对作业工人的安全技术交底及规章制度的学习。

12. 督促有关部门和分包单位做好技术档案资料的搜集。

13. 真实填写工作日报。

2. 技术经理安全生产职责牌

技术经理安全生产职责

1. 对项目工程的安全生产负技术责任。

2. 贯彻、落实安全生产方针、政策，严格执行安全技术规程、规范、标准。结合项目工程特点，主持项目工程的安全技术交底。

3. 参加或组织编制施工组织设计，编制、审查施工方案时，要制定、审查安全技术措施，保证其可行性与针对性，并随时检查、监督、落实。

4. 主持制定技术措施计划和季节性施工方案的同时，制定相应的安全技术措施并监督执行。及时解决执行中出现的问题。

5. 项目工程应用新材料、新技术、新工艺，要及时上报，经批准后方可实施，同时要组织上岗人员的安全技术培训、教育。认真执行相应的安全技术措施与安全操作工艺、要求，预防施工中因化学物品引起的火灾、中毒或其新工艺实施中可能造成的事故。

6. 主持安全防护设施和设备的验收。发现设备、设施的不正常情况应及时采取措施。严格控制不合标准要求的防护设备、设施投入使用。

7. 参加安全生产检查，对施工中存在的不安全因素，从技术方面提出整改意见和办法予以消除。

8. 参加、配合因工伤亡及重大未遂事故的调查，从技术上分析事故原因，提出防范措施、意见。

3. 技术经理质量职责牌

技术经理质量职责

1. 对本单位施工工程质量负直接责任，协助项目经理搞好本单位质量管理工作。认真贯彻执行国家有关质量方针政策、规范、规程、标准以及企业制定的质量、技术管理规章制度。

2. 负责本单位工程技术人员的质量管理与技术培训。

3. 负责制定本项目技术质量管理工作规章制度。组织编制施工组织设计、施工方案并负责实施。

4. 组织单位工程技术、质量交底，编制新工艺、新技术的质量保证措施。

5. 参加质量大检查，组织主要分部工程质量检验评定，单位工程质量检验评定，基础验收，结构验收，参加竣工验收；负责质量事故的技术处理。

6. 加强外包队伍质量管理、技术管理。

7. 组织工程技术人员和工人严格按国家规范、规程、标准，设计图纸及按施工组织设计施工。

8. 对本项目工程技术资料及时、齐全、正确负责。

9. 对新材料、新技术、新工艺在操作质量上负指导责任。

10. 负责一般质量问题的调查处理，并报公司批准。

11. 负责本项目的工程质量保修，办理回访签证。

（六）生产经理办公室标志牌

1. 生产经理岗位职责牌

生产经理岗位职责

1. 在项目经理领导下直接负责项目工程的质量、安全、消防保卫等方面的检查，代表项目经理行使安全生产、文明施工等管理权，定期主持召开项目检查工作会议。

2. 组织贯彻执行国家有关的技术标准、规范、规程，督促检查职能部门、分包单位的执行情况及文明施工管理。

3. 严格执行安全、技术、质量方面的法规、规程、标准和各项责任制，以及新工人入厂教育、特殊工种培训考核等管理制度。

4. 协调各职能部门在施工生产执法检查中与分包单位的关系，及时解决和处理施工生产中的重大问题，定期与不定期检查各分包单位的安全生产情况、环境保护、场容场貌和文明施工教育情况。

5. 督促项目部各职能部门和分包单位建立健全质量保证体系、安全生产保障体系、制度体系和各项责任制。

6. 组织各项安全活动。

7. 严肃处理各种事故，调查分析并提出处理意见。

8. 在项目经理的指导下，组织制定和完善各级、各部门的工作责任合同，修订施工生产管理制度和各项安全规定。

9. 参与施工组织设计审查和施工方案的讨论。

10. 完善项目法施工文明安全管理制度规定、安全生产责任制。

11. 主持编制项目文明施工措施、安全技术措施、质量管理措施，参与施工组织设计及工序程序的编制。

12. 真实填写工作日报。

2. 生产经理安全生产职责牌

生产经理安全生产职责

1. 对本工程安全生产工作负直接领导责任，协助项目经理认真贯彻执行安全生产方针、政策、法规，落实本企业各项安全生产管理制度；

2. 组织实施本企业中长期、年度、特殊时期安全工作规划、目标及实施计划，组织落实安全生产责任制；

3. 参与编制和审核施工组织设计、特殊复杂工程项目或专业性工程项目施工方案。审批本企业工程生产建设项目中的安全技术管理措施，制定施工生产中安全技术措施经费的使用计划；

4. 领导组织本企业的安全生产宣传教育工作，确定安全生产考核指标。领导、组织外包工队长的培训、考核与审查工作；

5. 领导组织本企业定期和不定期的安全生产检查，及时解决施工中的不安全生产问题；

6. 认真听取、采纳安全生产的合理化建议，保证本企业安全生产保障体系的正常运转；

7. 在事故调查组的指导下，组织特大、重大伤亡事故的调查、分析及处理中的具体工作。

3. 生产经理消防职责牌

生产经理消防职责

1. 协助本单位项目经理管理防火工作，具体落实对防火安全工作的布置和防火安全会议决定。防火安全工作负直接领导责任。

2. 领导支持消防安全工作。组织发动防火安全检查，对查出的火险隐患通知书应认真研究，落实整改，对无能力解决的隐患应向上级主管部门提出报告，在未解决前应采取防火安全措施。

3. 下达生产或工作任务的同时，应具体地布置防火安全注意事项，狠抓检查落实，发现违章及时纠正，并对违章人员进行教育或处理。

4. 经常进行防火安全教育，督促职工认真遵守国家消防法规和内部各项防火规定。对新职工、民工等在工作前要进行遵章守法教育，保证生产施工安全。

5. 对发生的火灾事故在向上级主管机关报告的同时，组织补救并查清原因，提出对事故责任者的处理意见，教育职工吸取教训，减少火灾事故的发生。

4. 生产经理质量职责牌

生产经理质量职责

1. 协助项目经理制定项目全面质量、管理的总方针、总目标。

2. 定期检查方针、目标的执行情况，确保总目标的实现。

3. 负责项目全面质量管理教育，帮助项目建立和指导QC小组活动和整理成果资料，表彰全面质量管理先进单位和有成效的优秀QC小组。对项目推行全面质量管理。

4. 协助技术经理抓好创优工程的全面质量管理，协同有关部门不断完善项目各项管理规章制度，监督落实项目的各项管理规章制度。

5. 组织工长、班组长进行工序自检和分项工程质量检验评定，对每道工序的质量负责。

6. 对本项目不合格工程质量负主要责任。对违章作业，拒不改正的人，有教育处理的责任。

7. 组织隐蔽工程验收，参加工程竣工预验、交工验收。

（七）总工程师办公室标志牌

1. 总工程师岗位职责牌

总工程师岗位职责

1. 全面主持工程项目的技术管理工作，正确贯彻政府颁布的技术方针、政策及规范。

2. 主持施工组织设计编制工作。

3. 组织技术交底工作。

4. 审核试验、测量设备购置、维修计划。

5. 负责“四新”的推广。

6. 主持竣工文件的编制工作。

7. 组织技术培训工作。

8. 贯彻国家的质量方针、政策、法规。

9. 制定质量管理计划，负责质量监控。

10. 负责贯标管理工作。

11. 安全生产。

12. 文明施工。

2. 总工程师安全职责牌

总工程师安全职责

1. 负责组织制定本项目安全技术规章制度。

2. 定期主持召开有关部门会议，研究解决安全技术问题。

3. 在采用新技术、新工艺时，同时研究和采取防护措施；设计、制造新的生产设备，要有符合国家标准要求的安全卫生防护措施；新、改、扩建工程项目，认真执行“三同时”规定。

4. 重视新产品、新材料、新设备的使用、储存和运输，督促有关部门加强安全管理。

5. 主持或参与安全生产大检查，对重大隐患要审查制定整改计划，组织有关部门实施。

6. 参加重大事故调查，并做出技术方面的鉴定。

3. 总工程师消防职责牌

总工程师消防职责

1. 对分管范围内的防火安全工作，负直接领导责任，具体负责落实防火安全会议提出或决定的关于本职工作范围内防火安全工作的要求。

2. 对分管范围内的有关人员提出具体明确的岗位防火安全责任，并督促落实。

3. 对分管范围内自查或上级部门下发的火险隐患，应责成有关人员定期、定项、定标认真落实整改。

4. 制定本部门全年或季度生产计划、工作计划的同时应制定分管工作范围事项的防火安全计划，审定本部门年度设备、技改项目的同时，应有防火安全的措施，并相应作出规定，在下达检修施工任务的同时，应制定严密的防火安全措施。

5. 认真执行国家建筑法规，对本部门新建、改建、扩建的建筑结构，必须按先审后建的工作原则，严格控制私搭乱建的违章建筑。

6. 认真学习执行国家颁发的消防法规和制定的各项防火安全规章制度。定期组织检查本部门电器安装、供气管系、受压容器、控制仪器等在生产运行中的安全状况，对本部门易燃易爆设备要不断研究降低或消除危险性的技改措施，不断完善防火自动装置。

（八）技术负责人办公室标志牌

1. 技术负责人岗位职责牌

技术负责人岗位职责

1. 学习、宣传、贯彻执行国家的安全、技术、质量管理标准，促进施工现场综合管理水平的全面提高。

2. 负责技术管理达标和文明施工管理。

3. 参加定期的综合检查和专项检查，做好检查日志记录。

4. 组织有关技术人员参加图纸会审，为预算、材料、财务提供会审资料。组织编制施工组织设计方案，审批分包单位工程施工方案，编制季节性的施工方案和措施，并组织实施。编制重要质量和安全技术措施，并密切结合施工现场处理技术问题。

5. 及时传达上级的技术文件，协助或参加分包单位、施工现场有关的技术工作，提供所需资料。

6. 每周必须召开一次工作例会。

7. 参加现场生产协调会，在会上报告工序程序施工情况和施工组织设计落实情况。

8. 每天做好工作日报。

2. 技术负责人安全生产职责牌

技术负责人安全生产职责

1. 认真学习、贯彻执行国家和上级有关安全技术及安全操作规程规定，保障施工生产中的安全技术措施的制定与实施。

2. 在编制和审查施工组织设计和方案的过程中，要在每个环节中贯穿安全技术措施，对确定后的方案，若有变更，应及时组织修订。

3. 检查施工组织设计和施工方案中安全措施的实施情况，对施工中涉及安全方面的技术性问题，提出解决办法。

4. 对新技术、新材料、新工艺，必须制定相应的安全技术措施和安全操作规程。

5. 对改善劳动条件，减轻笨重体力劳动，消除噪声等方面的治理进行研究解决。

6. 参加伤亡事故和重大已、未遂事故中技术性问题的调查，分析事故原因，从技术上提出防范措施。

3. 技术负责人质量职责牌

技术负责人质量职责

1. 认真做好图纸会审准备工作，组织工程技术交底时认真贯彻执行国家规范、规程、质量方针及政策，编制施工组织设计和施工方案时提出保证工程质量的技术措施。

2. 对新结构、新工艺、新材料提出保证质量的技术措施。解决施工中的技术问题，参加质量事故的调查处理，对质量事故提出技术处理意见。

3. 参加地基与基础、主体分部工程的质量核定、主体结构验收、工程竣工验收。

4. 对每道工序都必须签发工序作业指导书。

5. 认真贯彻执行国家计量方针政策，监督各类计量工作准确和正常运行。

（九）工程负责人办公室标志牌

1. 工程负责人岗位职责牌

工程负责人岗位职责

1. 在项目技术经理领导下负责项目工程的生产指挥及施工管理，认真贯彻执行有关施工安全生产、物资供应的各项标准和规定，科学组织网络计划。

2. 主持制定年、季、月生产计划和施工项目进度计划。

3. 参加综合检查和专项施工检查，做好检查日志记录。

4. 参与编制和审核施工组织设计和施工方案及图纸会审，认真落实技术措施和技术方案。

5. 经常组织对施工现场的各项安全工作的检查，认真贯彻执行安全生产技术标准和管理标准。

6. 参加调查处理重大安全质量事故。

7. 做好各类物资的进场使用、供应、调配与管理，执行各项物资消耗定额。

8. 组织落实各分包单位的各项管理责任制。

9. 参加生产调度会等有关会议，做好会议记录。

10. 组织分部、分项工程施工技术交底，审查、指导工长做好技术、质量交底记录并在施工中检查落实，对本项目工程技术资料整理及时、齐全、正确负责。

11. 做好现场文明施工记录。

12. 参加现场生产协调会。

13. 做好工作日报。

14. 技术交底。

15. 分项工程资料填报规定。

16. 业主、监理信息收集。

17. 进行评审。

2. 工程部质量职责牌

工程部质量职责

1. 坚持质量第一的原则，制定合理的进度计划，防止抢进度影响工程质量。

2. 负责指导施工技术资料搜集、整理、审查、装订。

（十）安全负责人办公室标志牌

安全负责人岗位职责牌

安全负责人岗位职责

1. 主持管理安全防护保证体系、文明施工保证体系，消防保证体系。

2. 对施工现场进行全方位监督检查，纠正不安全行为和改善不安全环境。

3. 熟悉各种安全技术措施、规章制度、标准、规定。

4. 坚决制止违章指挥和违章作业。

5. 做好安全达标和文明安全管理。

6. 参加每周一次文明安全综合值班检查和不定期安全检查，做好检查日志记录。

7. 坚持原则，做好系统安全职责范围内的工作。

8. 做好安全生产中规定资料的记录、收集、整理和保管。

9. 加强分包单位管理。

10. 按职权范围和标准对违反安全操作规程和违章指挥人员进行处罚。

11. 贯彻执行国家及省市有关消防保卫的法规、规定、组织制定和审查施工现场的保卫、消防方案和措施。

12. 每天用日检表反映安全问题。

13. 收集安全技术交底、安全活动记录，查原始记录及班组日志。

14. 验收安全设施及机械安全装置。

15. 参加现场生产协调会，在会上报告安全情况和文明施工情况。

16. 真实填写安全管理工作日报。

（十一）质量负责人办公室标志牌

质量负责人岗位职责牌

质量负责人岗位职责

1. 负责建立质量保证体系。

2. 对施工现场进行全方位质量监督检查。

3. 熟悉各种质量检查技术标准、规章制度、规范、规定。

4. 坚决制止违章指挥和违章作业。

5. 做好管区内的质量达标和文明施工管理。

6. 参加值班经理组织的每周一次文明施工综合检查和不定期质量检查。

7. 严格贯彻执行工程施工及验收规范、工程质量检验评定标准、质量管理制度。

8. 掌握和督促检查质量责任制在各分包单位的落实情况。

9. 参加每周综合检查。

10. 组织质检人员学习和贯彻执行质量管理目标、规程、标准和上级质量管理制度。

11. 按规定和标准健全质量台账，评定单位工程质量，向技术经理提供质量动态管理情况。

12. 参加新工艺、新技术、新材料、新设备的质量鉴定。参加质量事故调查，对发生质量事故的人员进行处理。

13. 按工程技术资料管理标准收集、汇总有关原始资料、质量验评资料。

14. 参加现场生产协调会，报告施工质量动态情况和文明施工情况。

15. 真实填写每日质量工作日报。

（十二）机电设备负责人办公室标志牌

1. 机电设备负责人岗位职责牌

机电设备负责人岗位职责

1. 认真贯彻执行国家和上级有关机械管理的方针、政策和法规，主持制定本单位机械管理实施细则。

2. 提出本单位机械工作方针目标、工作要求并督促实施。掌握机械管理动态，处理机械工作中重大问题，组织、领导、督促、检查机械工作。

3. 负责审查机械设备的购置、租赁更新改造、维修计划并组织实施。

4. 负责健全本单位的机械管理机构。

5. 对机械的安全生产负有领导责任，主持机械事故的调查和处理。

2. 机电设备负责人安全生产职责牌

机电设备负责人
安全生产职责

1. 对机、电、起重设备、锅炉、受压容器及自制机械设施的安全运行负责，按照安全技术规范经常进行检查，并监督各种设备的维修、保养的进行。

2. 对设备的租赁、要建立安全管理制度，确保租赁设备完好、安全可靠。

3. 对新购进的机械、锅炉、受压容器及大修、维修、外租回厂后的设备必须严格检查和把关，新购进的要有出厂合格证及完整的技术资料，使用前制定安全操作规程，组织专业技术培训，向有关人员交底，并进行鉴定验收。

4. 参加施工组织设计、施工方案的会审，提出涉及安全的具体意见，同时负责督促下级落实，保证实施。

5. 对特种作业人员定期培训、考核。

6. 参加因工伤亡及重大未遂事故的调查，从事故设备方面，认真分析事故原因，提出处理意见，制定防范措施。

（十三）材料负责人办公室标志牌

1. 材料负责人岗位职责牌

材料负责人岗位职责

1. 掌握材料技术知识和材料性能；熟悉各种安全、技术管理措施及有关规章制度、标准、规定。

2. 做好管区内的材料管理达标。

3. 参加综合检查和不定期材料检查，做好检查日志记录。

4. 检查新购进的机械设备基本情况，负责组织经批准的部分材料、工具的供应工作。

5. 参加施工组织设计、施工方案的会审。

6. 负责各项管理制度的贯彻执行，组织人员搞好机械设备的管理。

7. 建立材料质量证明收、发台账。

8. 贯彻上级有关物资统计工作要求，按期报出各种报表。

9. 参与施工组织设计（方案）的编制工作，及时提供供料方法、资源情况、运输条件及现场管理要求，使之合理规划现场。

10. 负责汇总编制主要材料一次性用料计划、构配件加工订货计划、市场采购计划、周转料具租用计划及材料节约计划等。

11. 按期完成各种物资统计报表并实行限额领料制度。

12. 现场巡视机械设备及材料使用情况是否符合标准规定，建立、健全现场料具管理责任制及落实措施。

13. 搞好材料定额管理。

14. 做好各种资料的保管。

15. 掌握工程进度与材料核算情况。

16. 严把收料关，坚持三验制度。

17. 填写工作日报。

18. 编制主要物资采购方案。

19. 对主要材料的招投标。

20. 审批施工单位机械进场计划。

21. 外租机械设备需求计划。

22. 督促、监督主要施工设备进场。

2. 材料负责人安全生产职责牌

材料负责人安全生产职责

1. 凡购置的各种机、电设备，脚手架，新型建筑装饰、防水等料具或直接用于安全防护的料具及设备，必须执行国家、市有关规定，必须有产品介绍或说明的资料，严格审查其产品合格证明材料，必要时做抽样试验，回收后必须检修。

2. 采购的劳动保护用品，必须符合国家标准及相关规定，并向主管部门提供情况，接受对劳动保护用品的质量监督检查。

3. 做好材料堆放和物品储存，对物品运输应加强管理，保证安全。

（十四）财务负责人办公室标志牌

1. 财务负责人岗位职责牌

财务负责人岗位职责

1. 贯彻执行国家及上级有关预算编制的各项规定，编制工程竣工结算资料及分包工程的结算。

2. 协助领导签定内外分包施工合同，并严格控制费用标准。

3. 编制固定资金使用计划，编制成本、利润计划，编制分包单位考核指标计划及管理费用控制计划。严格按审批制度及审批程序控制购置计划、严格执行现金管理制度，正确及时办理货币资金业务结算。

4. 贯彻执行财经法规及成本管理标准。

5. 认真执行会计制度。

6. 财务档案的综合管理。

7. 编制月度工资发放明细表，审核并填制工资方面业务记账凭证。

8. 成本核算审核。

9. 贯彻执行劳动工资政策、法令，执行本企业的规章制度。

10. 负责劳动工资计划、统计的审核和工资奖金的使用、管理。

11. 负责贯彻执行劳动定额。

12. 认真贯彻执行国家劳动保护用品的规定和使用标准，按规定负责审批购置劳动保护用品的经费。

13. 做好主持编制、审批材料计划。

14. 定期检查指导部门内及所属分包财务核算工作。

15. 填写工作日报。

2. 财务负责人安全生产职责牌

财务负责人安全生产职责

1. 认真执行国家关于企业安全技术措施经费提取使用的有关规定，做到专款专用，并监督执行，切实保证对安全生产的投入，保证安全技术措施和隐患整改项目费用到位。

2. 执行财政部关于安全技术措施费用使用管理规定，保证安全技术措施费用和事故隐患整改费用到位。

3. 审查单位经营计划时，要同时审查安全技术措施计划，并检查执行情况。

4. 按安全管理纳入经济责任制，分析单位安全生产经济效益，支持开展安全生产竞赛活动，审核各类事故费用支出。

（十五）人事负责人办公室标志牌

1. 人事负责人岗位职责牌

人事负责人岗位职责

1. 贯彻执行国家及上级有关人事、劳动方面的法律法规和政策，组织编写和建立健全公司劳动人事管理的各项规章制度。

2. 负责公司和各职能部门、下属企业、项目部的组织机构设置、人员编制和人员配置。

3. 负责公司员工岗位规范的制定和招聘、录用、调配工作、负责员工的考勤、考核、考绩、奖惩的管理工作。

4. 负责工程项目施工劳动用工计划及临时用工计划的审核和劳动力的调配。

5. 负责合同工、临时工、外地用工的录用与辞退工作。

6. 负责项目部工资总额的核定与管理；负责员工工资的计算、统计与发放。

7. 负责员工培训管理。

8. 负责公司员工专业技术资格的初审、报送手续和专业技术职务的考核与聘任工作。

9. 负责员工养老保险、失业保险、医疗保险等工作。

10. 负责员工的劳动纪律检查与考核。

11. 负责公司人事、劳动、工资的综合统计与管理工作。

2. 人事负责人安全生产职责牌

人事负责人安全生产职责

1. 根据国家有关安全生产的方针、政策及企业实际，配齐具有一定文化程度、技术和实践经验的安全干部，保证安全干部的素质。

2. 组织对新调入、转业的施工、技术及管理人员的安全培训、教育工作。

3. 按照国家规定，负责审查安全管理人员资格，有权向主管领导建议调整和补充安全监督管理人员。

4. 严格执行国家特种作业人员上岗位作业的有关规定，适时组织特种作业人员的培训工作，并向安全部门或主管领导通报情况。

5. 认真落实国家和地方政府有关劳动保护的法规，严格执行有关人员的劳动保护待遇，并监督实施情况。

6. 参加因工伤亡事故的调查，从用工方面分析事故原因，提出防范措施，并认真执行对事故责任者的处理意见。

（十六）消防保卫负责人岗位职责牌

消防保卫负责人岗位职责

1. 贯彻执行国家有关消防保卫的法规、规定，协助领导做好消防保卫工作。

2. 制定年、季消防保卫工作计划和消防安全管理制度，并对执行情况进行监督检查，参加施工组织设计、方案的审批，提出具体建议并监督实施。

3. 经常对职工进行消防安全教育，会同有关部门对特种作业人员进行消防安全考核。

4. 组织消防安全检查，督促有关部门对火灾隐患进行解决。

5. 负责调查火灾事故的原因，提出处理意见。

6. 参加新建、改建、扩建工程项目的设计、审查和竣工验收。

7. 负责施工现场的保卫、对新招收人员需进行暂住证等资格审查，并将情况及时通知安全管理部门。

（十七）环境保护负责人岗位职责牌

环境保护负责人岗位职责

1. 贯彻执行国家及地方有关环境保护管理法律、法规及各项规章制度，对现场环境保护工作负直接管理责任。

2. 协助项目经理落实施工现场环境保护岗位责任制及环境保护管理制度。

3. 协助项目经理编制施工现场环境保护措施并组织实施。

4. 协助项目经理对现场人员进行环境保护知识的教育。

5. 负责组织对环境保护设施的安装、维修、检查，保证环境保护设施的正常进行。

6. 负责对施工噪声、烟尘的定期检测。

7. 负责施工现场环境保护内业资料的建档和管理工作。

8. 定期对现场污染源设施进行检查。

（十八）卫生防疫负责人岗位职责牌

卫生防疫负责人岗位职责

1. 贯彻执行有关施工现场卫生法规及管理制度，对本项目施工现场环卫卫生管理负直接管理责任。

2. 协助项目经理部拟定施工现场卫生防疫管理制度，划分卫生责任区及责任人，并监督实施。

3. 负责组织管理施工人员学习有关卫生防疫法律、法规、管理制度、措施，并定期组织考核。

4. 负责配合有关部门办理食堂卫生许可证，炊事人员的健康证，监督炊事人员持证上岗。

5. 定期检查现场各区域的环境卫生情况，发现问题及时落实整改。

6. 按文明施工资料管理标准，做好环境卫生的各项资料，真实具体，以备查考。

（十九）保卫负责人岗位职责牌

保卫负责人岗位职责

1. 主管门卫警卫。

2. 熟悉门卫管理规章制度、标准、规定。

3. 做好管区内的安全达标工作和文明安全管理，防止失窃、打架斗殴。

4. 每日检查施工现场是否有不安全的因素存在，做好重点部分的保卫工作。

5. 在施工现场进行不安全作业的行为，监督和制止到位。

6. 掌握外地务工人员情况，消灭不安全因素。

（二十）工会办公室标志牌

1. 工会工作职责牌

工会工作职责

1. 全面贯彻和落实国家的有关方针政策，协助党、团组织对职工进行党的路线方针政策教育。

2. 认真落实上级有关工作的部署和要求，协助项目部搞好人事、工资奖金分配、职工福利、综合治理、安全生产、职工困难补助，党风廉政建设、企业文化建设等工作。

3. 牵头组织劳动竞赛活动和安全生产活动。

4. 工会组织要抓好群众性技术创新活动。

2. 工会安全生产职责牌

工会安全生产职责

1. 审查落实企业经济承包方案中的安全措施，对没有安全承包内容的方案要提出意见。

2. 及时发现生产环境和设施方面存在的事故隐患，并向行政部门提出改进意见，督促及时解决。

3. 及时制止违章指挥和违章作业。

4. 支持工人保障安全的合理要求。

5. 监督、协助行政部门认真执行三级安全教育制度。

6. 按“四不放过”原则，参加查处重大伤亡事故。

7. 开展安全生产竞赛活动，对涌现出的先进个人和先进集体要大力表彰。

8. 抓典型，推广安全生产科学管理和开展群众劳动保护监督检查的先进经验。

9. 监督企业是否将劳动保护问题列入职工代表大会的议事日程。

（二十一）值班室标志牌

施工现场值班人员守则牌

施工现场值班人员守则

1. 值班人员必须自觉遵守各项法规和安全规定，遵守本单位的一切规章制度。

2. 值班人员必须明确防火、防盗职责，坚守岗位，尽职尽责，夜班值班人员要时刻警惕，不得睡觉，不准下棋、打扑克、喝酒、看电视等，保证单位安全。

3. 值班人员认真巡视，仔细检查火源和物资设备、建筑门窗等。发现可疑情况，要及时采取防范排险措施，并报告值班领导。

4. 值班人员要建立交接班记录本，严格执行交接班制度。在交接班时，经接班人员核查无误后，方可接班。

5. 值班人员不得随意将无关人员带入单位。

6. 发现有人在严禁烟火部位吸烟或使用明火，以及不经领导批准，带走单位财物者，有权制止，并报告领导和有关部门予以处理。

7. 值班人员必须熟知本单位防火重点部位和消防水源器材的分布情况。

8. 值班人员必须懂得消防常识,要做到会检查、能发现问题。

9. 现场材料进、出要有记录。做好外协单位物品进出场的登记，避免本单位财产流失。

（二十二）吸烟室标志牌

施工现场吸烟室管理办法牌

施工现场吸烟室管理办法

1. 严禁使用非易燃材料搭设，门窗齐全。
2. 配备灭火器、烟灰缸、水桶等。
3. 吸烟后，烟头应放到烟缸或水桶内，不得乱扔。
4. 必须安排专人负责清理，室内不得放置其他物品。

（二十三）测量室标志牌

1. 测量员岗位职责牌

测量员岗位职责

1. 熟悉各种计量测量技术、规章制度、标准、规定。

2. 做好管区内的测量达标工作和文明安全管理。

3. 完成统计报表,负责各类网络图绘制,负责计量器具的送检。

4. 做好工地的各项测量工作。

5. 做好测量结果的整理，做好测量图的绘制，做好测量资料汇总、整理、递交、保管，各个数据资料必须准确无误。

6. 督促各计量部位作好计量原始记录和各种台账记录。

7. 制定计量工作规划及年度、季度、月份计量工作计划和措施。

8. 做好测量仪器设备的校正及测量仪器设备、工具、器材的保养、维护、修理、保管工作。

9. 按期督促进行沉降观测构筑物的垂直偏差等观测。

10. 负责测量器具的报废和购买等工作的申报。

11. 确定项目测量仪器、设备的配置。

12. 检查督促测量工作。

13. 制定测量设备管理办法，执行公司规定。

14. 配合业主、监理测量检查。

15. 仪器的标定、标志，制定操作规程。

16. 建立仪器台账。

2. 测量员质量职责牌

测量员质量职责

1. 熟悉施工图纸及有关技术资料，制定放线定位施测方案。对工程测量成果负责。

2. 负责测量成果资料签证、整理、保管、入档。认真执行测量复核制，发现问题及时报告。

（二十四）试验室标志牌

1. 试验员岗位职责牌

试验员岗位职责

1. 主管试验、试验取样，试验资料齐全有效。

2. 熟悉主要建筑材料试件取样方法。

3. 做到取样方法正确、试件可靠，原始记录真实准确。

4. 做好各项试验的试件、试样及有关的原始资料、台账、报表等的整理、汇总、上报，做到真实、完整、可靠。

5. 按时收集、整理、填报月、季、年试验统计报表和有关资料。

6. 检查搅拌台混凝土、砂、石、水计量准确无误。

2. 试验员质量职责牌

试验员质量职责

1. 严格按规定进行试验，对试验和检测数据的真实性负责。

2. 对各种原材料、试件取样制作及管理负责。

（二十五）施工工长职责牌

1. 施工工长岗位职责牌

施工工长岗位职责

1. 熟悉各种安全技术措施、规章制度、标准、规定。

2. 做好管区内的安全达标和文明安全管理，坚决制止违章指挥和违章作业。

3. 参加每周一次文明安全综合检查和不定期安全检查，做好检查日志记录。

4. 必须编制日施工作业计划，做好在施工程的劳动力、材料、机具、设备的计划。

5. 必须按施工组织设计、工序作业指导书、技术洽商、修改方案组织施工。

6. 必须按技术标准、管理标准严格管理在施工程的质量和安全。

7. 必须组织班组、分包单位学习各项规章制度。

8. 发生工伤事故及时上报，保护现场。

9. 认真详细填写施工日记。

10. 做好管区内的综合管理。

2. 施工工长安全生产职责牌

施工工长安全生产职责

1. 认真执行上级有关安全生产规定，对所管辖班组（特别是外包工队）的安全生产负直接领导责任。

2. 认真执行安全技术措施及安全操作规程，针对生产任务特点，向班组（包括外包队）进行书面安全技术交底，履行签认手续，并对规程、措施、交底要求执行情况经常检查，随时纠正作业违章。

3. 经常检查所辖班组（包括外包队）作业环境及各种设备、设施的安全状况，发现问题及时纠正解决。对重点、特殊部位施工，必须检查作业人员及各种设备设施技术状况是否符合安全要求，严格执行安全技术交底，落实安全技术措施，并监督其执行，做到不违章指挥。

4. 定期和不定期组织所辖班组（包括外包队）学习安全操作规程，开展安全教育活动，接受安全部门或人员的安全监督检查，及时解决提出的不安全问题。

5. 对分管工程项目应用的新材料、新工艺、新技术严格执行申报、审批制度，发现问题及时停止使用，并上报有关部门或领导。

6. 发生因工伤亡及未遂事故要保护现场，立即上报。

3. 施工工长消防职责牌

施工工长消防职责

1. 认真执行上级有关消防安全生产规定，对所管辖班组的消防安全生产负直接领导责任。

2. 认真执行消防安全技术措施及安全操作规程，针对生产任务的特点，向班组进行书面消防保卫安全技术交底，履行签字手续，并对规程、措施、交底的执行情况实施经常检查，随时纠正现场及作业中违章、违规行为。

3. 经常检查所辖班组作业环境及各种设备实施的消防安全状况，发现问题及时纠正、解决。对重点、特殊部位施工，必须检查作业人员及设备、设施技术状况是否符合消防保卫安全要求，严格执行消防保卫安全技术交底，落实安全技术措施，并监督其认真执行，做到不违章指挥。

4. 定期组织所辖班组学习消防规章制度，开展消防安全教育活动，接受安全部门或人员的消防安全监督检查，及时解决提出的不安全问题。

5. 对分管工程项目应用的符合审批手续的新材料、新工艺、新技术，要组织作业工人进行消防安全技术培训；若在施工中发现问题，必须立即停止使用，并上报有关部门或领导。

6. 发生火灾或未遂事故要保护现场，立即上报。

4. 施工工长质量职责牌

施工工长质量职责

1. 工长应按设计图纸、施工规范、质量标准、施工组织设计组织施工。对承担的工程施工质量负直接管理责任。

2. 对施工班组负有检查、督促执行的责任。

3. 对工程使用的材料、成品、半成品、构件质量负责，对不符合质量标准的材料有上报处理的责任，负责组织施工班组的工序自检、互检、交接检。对检查评定资料的真实性负责。

4. 参加隐蔽工程检查、验收，工程结构验收，单位工程竣工验收。积极配合执法人员做好质量检查工作。

5. 发现质量事故立即向技术经理报告。

（二十六）质检员岗位职责牌

质检员岗位职责

1. 对单位工程或承担的分部工程施工质量负直接责任。
2. 坚决制止违章指挥和违章作业。
3. 做好管区内的质量达标工作和质量管理。
4. 协助参加质量检查，同时做好记录。
5. 作质量检查台账，记录遵章守纪及未遂事故调查情况。
6. 收集质量程序交底或质量活动记录。
7. 参加分部、分项工程的质量等级核定及隐蔽工程的核查验收。

（二十七）安全员岗位职责牌

安全员岗位职责

1. 协助项目经理建立安全生产保证体系、安全防护保证体系、机械安全保证体系。

2. 纠正一切违章指挥、违章作业的行为和不安全状态。

3. 肩负管理和检查监督两个职能，宣传和执行国家及上级主管部门有关安全生产、劳动保护的法规和规定，协助领导做好安全生产管理工作。

4. 做好安全生产中规定资料的记录、收集、整理和保管。

5. 按职权范围和标准对违反安全操作规程和违章指挥人员进行处罚，对安全工作做出成绩的提出奖励意见。

6. 协助参加项目安全值班检查，同时做好记录。

7. 作安全台账，记录遵章守纪及未遂事故调查情况，收集安全技术交底或安全活动记录，验收安全设施及机械安全装置。

8. 参加现场生产协调会，报告安全情况、参加班组安全活动，检查班组日志。

9. 做好现场文明施工记录。

（二十八）劳资管理员岗位职责牌

劳资管理员岗位职责

1. 依据经理部岗位设置制定岗位工资系数。

2. 汇总、审核考勤并依据考勤编制月工资表，将月工资表交主管领导审核。

3. 依据奖励方法、考勤情况编制奖金分配表，报总经理审批。

4. 依据经理部编制情况编制劳动保护计划，购置劳动保护用品。

5. 依据经理部人员编制防暑降温、冬季取暖计划。

6. 依据公司培训计划，编制各类人员培训需求计划。

7. 对各类培训人员进行登记造册。

（二十九）预算员岗位职责牌

预算员岗位职责

1. 熟悉各种安全技术措施、规章制度、标准、规定。

2. 熟悉施工图，精通预算定额和有关文件规定，参加图纸会审和技术交底。

3. 结合工程实际编制预算合同。

4. 合理套用定额必须无错项、漏项。

5. 完成年度结算和竣工结算。

（三十）合同员岗位职责牌

合同员岗位职责

1. 协助合同副经理对主要技术干部进行合同文件交底。
2. 审核项目承包合同，进行标后预算。
3. 拟订项目总体分包方案。
4. 确定项目各项分包单价。
5. 对分包单位进行资质审查。
6. 拟订分包协议，并及时签定分包合同。
7. 对分包单位及时进行综合评估。
8. 协助对分包工程确定项目招标项目。

（三十一）材料采购员岗位职责牌

材料采购员岗位职责

1. 熟悉各种材料技术性能、规章制度、标准、规定。

2. 做好管区内的材质达标工作和文明安全管理。

3. 协助参加项目安全值班检查，同时做好记录。

4. 熟悉建筑工程施工图、网络计划、预算定额，掌握有关文件和规定，编制出单位工程材料计划。

5. 做好各种资料的保管、使用及材料计划的发放、回收登记，整理存档及时到位。

6. 组织编制年、季、月供应计划。

7. 按计划组织好周转工具等材料的租赁，按期完成各种物资统计报表，按期完成各种限额领料资料汇总、统计、核算。

8. 严格贯彻执行材料管理制度和标准。

9. 收集物资材料市场信息动态资料。

10. 依据施工单位及各部门所需材料计划单，填写材料计划表。

11. 通知供应商按材料计划表供应材料。

12. 对送达工地（库房）的材料进行入库前检验。

（三十二）材料保管员岗位职责牌

材料保管员岗位职责

1. 熟悉各种材料技术性能、规章制度、标准、规定。

2. 做好管区内的材质达标工作和文明安全管理。

3. 收料必须严格执行“三验制”，即验数量、验质量、验规格品种。

4. 建立进（出）料必须登记台账及计量检测记录，认真办理进（出）料各种手续。

5. 材料必须严格按照施工平面布置图堆放，合理、规范地存放各类材料及构配件。

6. 做好各期库存盘点，做好账册、单据等的日清日结，并装订成册，妥善保管，按时交出库存报表到位。

7. 熟悉掌握使用防火防盗设施和器材。

8. 组织周转工具清点以及保养维修工作，建立周围工具进出台账，完成各种报表。

9. 督促检查各项管理制度的贯彻执行，组织废旧物资的回收、修理、利用。

10. 建立物资消耗台账和限额领料台账，对统计资料按期装订、归档，妥善保存。

（三十三）财会员岗位职责牌

财会员岗位职责

1. 熟悉各种规章制度、标准、规定。

2. 做好管区内的工料分析和文明施工管理。

3. 按计划及时提取安全技术措施经费、劳动保护经费及其他安全生产所需经费，保证专款专用。

4. 根据工程进度每月审核内外各类成本费用开支的合理性、合法性并填制记账凭证。

5. 正确熟练掌握材料价格，根据验收单审核发票是否合法合规。

6. 负责成本费用转账工作。

7. 根据工程进度每月一次定期成本分析。

8. 编制固定资产、临时设施及有关会计报表。

9. 编制月度工资发放明细表。

10. 复核全部记账凭证。

11. 审核、整理有关部门报送的成本核算资料。

12. 进行采购成本核算与分析。

13. 对转账凭证进行账务处理。

14. 审核出纳所做的收、付款凭证。

15. 合同部开具的各施工队工程结算单的账务处理。

16. 及时处理与公司及其他项目的往来列账单。

17. 定期对材料进行账务处理。

18. 定期与劳资部门核对工资、计提情况。

19. 定期进行费用的摊销。

20. 定期进行费用的计提。

21. 定期进行费用的分配。

22. 定期对上缴公司的各项费用进行列账处理。

23. 定期编制财务会计报表。

24. 定期编制项目月份快报。

25. 定期编制“往来款项统计表”。

26. 对财务收、发文进行编号登记。

27. 对账务收到的合同进行编号登记。

28. 对会计凭证进行装订。

29. 做好会计信息的保密工作。

（三十四）统计员岗位职责牌

统计员岗位职责

1. 贯彻执行《统计法》及其实施细则，严格按照建筑业统计制度及上级主管部门的要求，及时、准确、全面地完成各种统计报表及各种统计调查任务到位。

2. 按网络计划组织施工，及时、准确、全面地完成各种统计报表。

3. 熟悉各种技术措施、规章制度、标准、规定。

4. 协助参加项目值班检查，同时做好记录。

5. 做好调度，满足生产和生活需要。

6. 编制年、季、月生产计划。

7. 建立健全各种统计台账。

（三十五）办公室主任岗位职责牌

办公室主任岗位职责

1. 督促、检查、指导办公室各类会议。
2. 根据工作需要，起草项目部文件。
3. 编制招待办公资金使用计划。
4. 核定项目部各职能部门接待用烟、茶计划与标准。
5. 对项目部隶属单位的行政办公设施、设备登记造册。
6. 督促职能部门提供工程信息。

（三十六）资料员岗位职责牌

资料员岗位职责

1. 熟悉施工图和设计文件。

2. 资料收发及保管整齐、齐全，分类存放有登记，收发借阅手续齐全，资料管理必须符合建筑安装工程施工技术资料管理规定。

3. 及时，准确地提供有关资料。

4. 负责施工技术资料的搜集、整理、装订、审查。及时、正确提供各类建筑材料、试件的试验资料。

5. 存档的报表、资料等及时搜集、整理、填列、补充，做到全面准确。

6. 认真做好图纸会审准备工作。

7. 作业指导书收集。

（三十七）仓库管理员岗位职责牌

仓库管理员岗位职责

1. 凡进库货物必须进行验收，核实后做好造册登记。

2. 认真负责搞好仓库内部材料、设备及小工具的发放工作，并应做好登记、签字手续。

3. 工程需要的材料库存不足时，应提早备足，不至于影响正常施工。

4. 仓库内应保持整洁、货物堆放整齐、货架堆放的物品应挂牌明示，以便迅速无误地发放。

5. 严禁非仓库管理人员入内，严禁烟火。

6. 不得私自离岗。有事外出，应委托他人临时看守。

7. 做好外场砂石料的收、管工作，签好每一张单据，严格把关砂石料的计量及质量。

8. 定期检查仓库消防器材的完好情况，在规定的禁火区域内严格执行动火审批手续。

五、生活区标志牌

（一）宿舍常用标志牌

1. 宿舍管理制度牌

宿舍管理制度

1. 集体宿舍必须有专人负责管理，住宿人员必须服从管理，自觉遵守工地各项规章制度。

2. 集体宿舍是施工人员休息、生活、学习的场所，应保持宿舍卫生整洁、安静和良好的秩序，每个住宿人员应遵守文明宿舍公约。

3. 住宿职工要维护公共卫生，保持室内干净、整洁，生活用品摆设、叠放整齐，地面不乱扔杂物、烟头。

4. 每个宿舍房间要编号并选室长，室长负责安排卫生值日和清扫工作，住宿人员名单要上墙，每日卫生值日人员要自觉负责门前和室内卫生的打扫，督促同室人员不乱扔垃圾，不乱倒脏水，不随地便溺。

5. 工地管理人员每周一次组织人员检查，如宿舍内发现脏、乱、臭现象应责令整改，屡违者经教育后视情节轻重给予处罚或清退。宿舍内不得留宿无关人员和家属子女。

6. 宿舍无人时关好窗户，切断电源，锁上门锁。

7. 宿舍内不准聚众酗酒，不得聚众赌博，严禁斗殴，严禁从楼上向下倒水。

8. 冬季宿舍内要防止火灾和煤气中毒。

2. 宿舍卫生制度牌

宿舍卫生制度

1. 宿舍必须有卫生负责人和卫生轮流值日包干表，明确职责。
2. 职工宿舍合理布置，床单、枕巾干净卫生，被子叠放整齐。
3. 洗脸毛巾挂成一条线，不穿的衣服叠整齐，放在固定地方。
4. 洗漱、吃饭用具放在固定地方，整齐干净，餐具要遮盖。
5. 床铺下边不得有杂物，鞋子放在固定的地方。
6. 室内地面保持干净，桌椅表面无灰尘，窗户明亮。
7. 宿舍内由室长安排值日表，使职工自觉打扫宿舍卫生。
8. 剩饭、剩菜一律要倒入泔水桶，不准乱倒。
9. 不乱抛杂物，不随地大小便。

3. 宿舍防火制度牌

宿舍防火制度

1. 严禁私自乱接电线，不准用电热器具烧水、取暖。

2. 照明电线上不得晾挂任何物件。

3. 严禁使用明火。不准卧床吸烟，吸烟必须备有烟灰缸或水盆。不准乱扔烟头。

4. 冬季取暖必须经消防保卫部门审批。

5. 不准使用电炉、煤油炉。

6. 不准存放易燃、易爆物品。

4. 文明宿舍住宿制度牌

文明宿舍住宿制度

1. 每人必须交住宿保证抵押金。

2. 严禁在房内私接电线、电器设备及使用电加热器具。

3. 严禁乱倒垃圾、脏水，严禁随地大小便。

4. 严禁在床上吸烟和房内点蜡烛。

5. 严禁在房内烧饭、烧菜及吃饭。

6. 严禁在规定区域外晒衣、晒被子，注意个人卫生。

7. 必须建立宿舍值日制度，搞好室内卫生及门前三包工作。

8. 必须建立室长负责制，严禁赌博、斗殴、酗酒。

9. 必须爱护生活区内及宿舍内的公共财物、公共设施。

10. 外来人员应办理会客登记，未经许可不准随意进入宿舍及留宿。

11. 宿舍内物品堆放必须规范。

卫生值日表

室　号		室　长		周　一	
周　二		周　三		周　四	
周　五		周　六		周　日	

（二）食堂常用标志牌

1. 食堂卫生管理制度牌

食堂卫生管理制度

1. 食堂工作人员必须经体检合格，并经上岗培训考核合格，取得健康证后方可上岗。

2. 上岗前应洗手消毒，穿戴工作服、帽，保持个人清洁卫生。

3. 食品原料进货应有验收制度，专人负责，以达到原料新鲜，无腐蚀变质，清洗要彻底，保证食品的卫生质量。

4. 冰箱内，生熟食品必须严格分开存放，不得存放私物、药物等。

5. 不得供应生冷拌菜和生食小水产，菜肴烧熟煮透，隔夜的剩菜应回锅加热，不得混入当餐鲜菜中，不供应腐败变质食品。

6. 保持食堂内外整洁，不堆放与食品无关的施工物料和工具，操作间和储藏间分开设置，做好防潮、防虫、防蝇、防鼠工作。

7. 炊事用具无锈、无油垢。采购、加工、储存生与熟食品要严格分开，并设有生熟、荤素标志，防止食品混存污染。

8. 制售过程及刀、墩、案板、盆、框、水池、抹布和冰柜等工具要严格分开。每天加工、制售食品之后应全面清洗炊具、冲刷地面，各种炊事用品按规定存放。

9. 食堂的隔油池、沉淀池必须规范有效，定期清污掏油。

2. 伙食管理员岗位职责牌

伙食管理员岗位职责

1. 主持项目部伙食管理工作。

2. 贯彻执行《食品卫生法》和有关卫生制度，必须做到各方面卫生符合标准。

3. 做好伙食成本核算，保证饭菜价格合理。

4. 注意营养配餐，做到饭菜多样化。

5. 主副食采购账目清楚。